# Natural Look

基礎裸妝**108**個秘訣！

# 百變素顏美人

# 走進裸妝的魅力時代

## 關於裸妝

化妝的目的是為了讓面容看起來更完美，也許你會擔心裸妝是否能遮蓋臉部問題？其實，裸妝並非「裸露」，而是更注重細節，運用最自然、細膩的手法，巧妙地隱藏、修飾痕跡，打造宛如天生的精緻容貌。

## 關於秘訣

即使是一些看似簡單的描畫線條或顏色暈染，也會直接影響完妝效果。化妝不能信手拈來，而應掌握正確手法的基礎，結合自身特點與妝效，不斷在熟練的過程中糾正易出錯的細節，發掘適合自己的獨到秘訣。

## 關於本書

本書從最必要掌握的基本技法入手，融合可以快速提升上妝效果的重要秘訣，一步步精要講解每個細節的實用重點與實際操作中最容易遇到的問題，細緻、有效地教會大家掌握裸妝的全面技法和運用。

# 目　錄

章節

*1*

# 底妝的全基礎秘訣

打造均勻、潤澤的無瑕美肌

宛若素顏般的薄透底妝

　　底妝講究恰到好處，對於膚質較好的肌膚，只在需要修飾的部位塗粉底或遮瑕即可，用盡可能少的粉底，巧妙運用「拍按」、「暈開」的手法，使粉質與肌膚融合，配合散粉定妝的必要環節，才能不留痕跡地均勻膚色，呈現亮澤質感。

底妝的
全基礎秘訣

# 001

# 打造透明膚質
# 用BB霜輕薄打底

BB霜

上妝要點：BB霜與粉餅巧妙搭配使用

★ 化淡妝時，膚質較好就不用再塗粉底液。

★ 只在眼部重複塗抹BB霜，避免妝感厚重。

★ 散粉不整臉塗抹，只在眼部進行提亮。

## 1. 用手指點塗適量BB霜

將適量BB霜點塗在額頭、臉頰、鼻部、下巴
5個位置上。

【祕訣】BB霜有一定的護膚功效，但不能代替護
膚品，打底前先用化妝水、精華液做保
養，使肌膚在潤澤狀態下再使用BB霜。

## 2. 盡快用指腹延展開

點塗後，用指腹儘快將BB霜延展開，塗到鼻
部旁輕輕按壓使底妝更加貼合。

## 3. 輕輕按壓貼合，黑眼圈處再點壓適
量BB霜

用海綿輕輕按壓肌膚，使底妝更勻透，下眼
瞼重複塗抹適量BB霜，用指腹輕輕點壓，遮
蓋暗沉。

## 4. 下眼瞼調整融合並提亮

用海綿輕輕擦拭下眼瞼，使眼周底妝與全臉
融合。用平頭粉底刷在下眼瞼，掃上粉餅。

【秘訣】輕柔而快速地用海綿將BB霜擦拭均勻，
避免眼周的底妝結塊。

◆　步驟細節：補妝時要避免塗厚
用棉花棒沾取少量乳液輕輕擦拭眼睛下方暈染開的眼妝及鼻翼周圍泛油光部位，之後用粉
撲沾取少量BB霜修補脫妝部位。用棉花棒局部修補是要點，避免用手指塗得過厚。

底妝的
全基礎秘訣

# 002

# 自然遮蓋
# 的BB霜遮瑕小細節

上妝要點：BB霜自然修飾肌膚的局部手法

★ 米色系的水潤質地BB霜自然遮蓋瑕疵。

★ 臉頰處使用乳霜型產品提升通透感。

★ 不整臉塗散粉，只在關鍵部位提亮。

粉妝顏彩盤

## 1.眼部與鼻部用輕拍的方式遮蓋瑕疵

眼周用指腹邊取少量BB霜一點點拍開，鼻翼
與法令紋處的用量要少一些。

【秘訣】鼻翼容易出油、法令紋處容易脫妝，用
指尖沾取少量BB霜塗抹即可。另外，由
於底妝比較滋潤，腮紅粉會掩蓋BB霜製
造出來的光澤感。

## 2.由內向外塗勻並輕拍融合

臉頰與下巴部位由內向外推勻，之後用雙手
輕拍整個臉部，毛孔與細紋處要仔細調整融
合。

## 3.腮紅膏與局部散粉提升光澤感

用腮紅膏在臉頰處添加粉嫩光澤，散粉只須
刷在鼻樑與眼下的打亮區域。

水潤質地帶給肌膚輕盈感

**底妝的全基礎秘訣 003**

# 打造柔霧膚質
# 用珠光底乳輕柔打底

上妝要點：珠光底乳與遮瑕膏的自然組合

★珠光微粒將毛孔與細紋隱藏起來。

★用珠光遮瑕筆修飾眼周，與底乳相融合。

★用粉撲輕壓散粉，比用粉刷更貼合。

妝前底乳

## 1. 塗抹珠光底乳，修飾下眼瞼

將米色珠光底乳從臉頰、額頭、鼻部至唇周塗抹開，下眼瞼陰影先用遮瑕筆呈放射狀畫線條塗抹，再用指腹按壓貼合。

【秘訣】使用珠光妝前底乳，然後塗抹具有較好遮蓋力的米色散粉，珠光可透過散粉，使肌膚顯得更透明，有效避免油光。

## 2. 用粉撲擦拭均勻，上眼瞼用遮瑕膏修飾

用粉底專用的海綿輕輕將底妝擦拭均勻，上眼瞼用眼部遮瑕膏進行修飾，可以使底妝更明亮。

## 3. 用粉底專用的粉撲輕輕將底妝擦拭均勻，上眼瞼用眼部遮瑕膏進行修飾，可以使底妝更明亮

用散粉撲從臉頰開始到鼻部、嘴角的細小部位塗抹米色散粉並輕壓貼合。

◆ 步驟細節：快速解決皮脂造成的脫妝

午後，皮脂會影響肌膚，導致底妝不勻，用散粉直接補妝的話，妝容會顯厚，只要用指尖將多餘散粉抹去，再按壓均勻即可，眼部下方是使底妝顯通透的關鍵部位，輕輕掃上透明修容粉，妝容就會明亮許多。

# 塗抹粉色飾底乳
# 減少粉底液的用量

上妝要點：米黃色或粉色妝前乳作基色

★ 粉色與米黃色是基色，適合所有膚色。

★ 鼻翼容易出油脫妝的部位要輕拍貼服。

★ 眼下的三角區重複塗抹飾底乳提亮。

**飾底乳**

## 1.在手背上取珍珠大小的飾底乳點塗

取珍珠大小的飾底乳在手背上，邊沾取邊點
塗，然後由內向外塗勻。

## 2.腮紅膏與局部散粉提升光澤感

將鼻頭的飾底乳上下抹開，並塗至上眼瞼，
用指腹剩餘的飾底乳塗勻唇周、眼角的細節
部位，鼻翼易出油，塗勻後用指腹拍按輕
薄。

## 3.由內向外塗勻並輕拍融合

雙頰較高部位重複塗抹少量飾底乳，突出光
澤，臉部邊界與頸部用指腹自然過渡。

◆　番外秘訣：根據膚質調整膚色

利用底妝顏色的微妙變化調整肌膚的
基底色，掌握局部使用調控色的訣
竅，挑對顏色，妝感就不會顯得厚
重，如用黃色修正泛紅的兩頰，用粉
色調整紅潤感。

❶蜜桃色：使膚色自然均勻，不偏
　紅也不偏白。

❷粉紅色：修飾蒼白、斑點肌膚，
　增加紅潤度，適用於臉頰部位。

❸偏黃色：適合亞洲人的顏色，有
　修飾黑眼圈、斑點及不勻膚色的
　作用。

❹米白色：在T字部位、顴骨或下
　巴處增加立體感。

底妝的
全基礎秘訣
**005**

# 選對粉底種類
# 讓妝容更適合自己

上妝要點：粉底是塑造出完美肌膚的基礎

★粉底的水、油及粉的含量不同，遮瑕力與延展性
也有所差異。

★粉底液較適合打造日常妝容，使用率高。

| 粉底的種類 | 質地特點 | 使用要點 | 遮瑕力 | 透明度 | 持久度 |
|---|---|---|---|---|---|
| 水性粉底<br>（油性、中性肌膚） | 質地清爽的無油配方，透明感強，使用時一般須搖動 | 對於乾性肌膚保濕度低，適合液體粉底 | ★★☆☆☆ | ★★★★★ | ★☆☆☆☆ |
| 液體粉底<br>（中性、乾性肌膚） | 質地像乳液，延展性較好，無油膩感，容易推開，遮蓋力低 | 適合狀態較好的肌膚及打造日常妝容 | ★★★☆☆ | ★★★★☆ | ★★★☆☆ |
| 霜狀粉底<br>（中性、乾性肌膚） | 粉質與油質含量比粉底液高，質地也更濃稠，有一定光澤感 | 適合乾性與熟齡肌膚，用量要適中 | ★★★★☆ | ★★★☆☆ | ★★★★☆ |
| 固體粉底<br>（乾性肌膚） | 油性成分較高，附著性、保水性好，妝效持久，適合秋冬使用 | 與粉底液混合使用能避免乾燥。適合濃妝 | ★★★★★ | ★☆☆☆☆ | ★★★★★ |
| 餅狀粉底<br>（一般肌膚） | 固態粉底，可快速完妝，但滋潤度和光澤度不足 | 配合粉底液使用或可以避免乾燥、浮粉 | ★★★★☆ | ★★☆☆☆ | ★★★☆☆ |
| 粉狀粉底<br>（一般、偏油性肌膚） | 定妝散粉，幾乎沒有遮瑕力，能吸收多餘油脂，使妝容持久 | 瑕疵肌膚要在用散粉前先塗抹遮瑕產品 | ★☆☆☆☆ | ★★★★☆ | ★★★☆☆ |

底妝的
全基礎秘訣
**006**

# 巧妙用一款粉底液
# 使肌膚呈現品質感

上妝要點：局部反覆疊加塗抹不易花妝

★ 點好位置後再均勻塗開，來控制粉底用量。

★ 由內向外、由上向下為基本塗抹方向。

★ 瑕疵處用粉底液代替遮瑕膏修飾。

**保濕粉底液**

## 1.點塗在臉部的幾個位置

將潤澤型粉底液置於手背上，用指腹點塗在臉頰、額頭、鼻部、下巴的位置。

【秘訣】想要提升遮瑕效果，可以適當增加點塗處。用無名指和中指的前端塗抹，並配合微笑表情，順肌膚弧度由內向外延展，使粉底與肌膚貼合緊密。

## 2.用指腹由內向外迅速推開

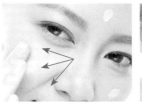

快速從臉頰開始，由內向外呈放射狀推抹開，額頭部位從眉間呈放射狀向上推開。

## 3.反覆塗抹鼻部，形成薄薄的膜

鼻部較容易花妝，從兩側反覆向中央塗幾層，再由額頭向鼻尖上下推抹開。

## 4.調整細節，眼部用粉底液代遮瑕膏

調勻鼻部凹凸處避免卡粉，嘴周由下向上塗開，下眼瞼用剩餘粉底液遮瑕。

**底妝的全基礎秘訣 007**

# 薄厚分區控制用量
# 強調立體緊緻的妝容

上妝要點：從寬闊部位向邊緣自然地融合

★ 由於塗了粉底的部位膚色會顯亮，所以要避免
全臉均一塗抹。

★ 選擇比膚色暗一號的粉底液避免浮粉。

珠光蜜粉

鎖水粉底液

## 1. 從臉部寬闊部位向邊緣塗抹開

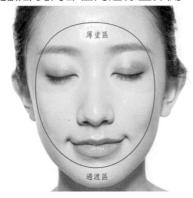

薄塗區

過渡區

在手背上取約一元硬幣大小的用量，從兩頰
與額頭的臉部寬闊位置塗抹開是關鍵。

## 2. 細節部位的調整使印象更完美

鼻翼、眼角、唇周的細微部位用指尖調整，
消除卡粉，用指腹大面積沿臉部輪廓向頸部
暈開粉底，使邊界自然融合。

## 3. 用粉撲按壓後定妝，提升持妝性

用粉撲輕輕按壓，使粉底更貼合肌膚，最後
用珠光蜜粉定妝，吸去多餘油脂。

◆ 步驟細節：利用雙向推抹使粉底薄薄
暈染開

眼周肌膚的細小紋理容易卡粉，塗粉
底時先從臉頰的黑眼球外側向邊緣薄
薄地推開粉底，再由黑眼球向鼻樑處
推抹粉底，使底妝薄薄的與肌膚貼合
緊密。

## 底妝的全基礎秘訣 008

# 簡單用一款粉底霜令底妝細膩不厚重

保濕滋潤粉底霜

粉底刷

上妝要點：用刷子塗粉底霜展現肌膚質感

★ 先呈直線後呈放射狀的塗法避免厚重。

★ 直線的塗抹範圍不要超過眉峰。

★ 利用刷子側面與前端窄面來塗抹更順手。

### 1. 從眼下開始橫向使用粉底刷

用粉底刷的前端一半沾取粉底霜，從眼部下方的臉寬闊處開始橫向塗抹，兩側不要超過眉峰。

### 2. 臉頰與額頭的刷法

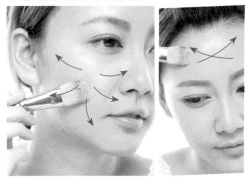

快速從臉頰向四周呈放射狀轉動刷頭塗粉底霜，額頭上方交叉塗抹。

### 3. 細微部位用刷頭調整避免卡粉

眼部下方與鼻翼用刷頭前端塗抹，仔細刷勻細紋與凹凸部位，需要遮蓋處用刷頭重複塗抹，自然遮蓋。

◆ **步驟細節：刷子的塗抹方法是成功的前提**

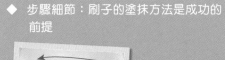

粉底霜的質地濃稠，如果沿臉部輪廓塗的話，很容易塗厚，先在額頭、臉頰、下巴橫向刷開，再從內向外呈放射狀塗抹是要點。

# 用粉撲塗霜狀粉餅
# 打造不油膩的蛋白肌

上妝要點：粉撲與霜狀粉餅的搭配使用法

★ 從臉頰面積較大的部位開始，由內向外圍輕輕按
　壓邊滑動推開粉底。

★ 最後用粉撲輕輕拍打肌膚，消除油膩。

**霜狀粉餅**

## 1.用粉撲輕輕沾取霜狀粉餅

用粉撲輕輕按壓粉體表面，全臉的沾取量約
為粉撲的一半。

【秘訣】由於塗抹粉底的地方會顯得更突出，從想
　　　　要提升亮度的地方開始塗，就能提升該
　　　　部位的立體感。

## 2.從臉頰處開始，由內向外邊輕拍邊
抹開

微笑，用粉撲在臉頰輕拍上粉底，並呈放射
狀向四周塗開，輕壓鼻翼處使粉底更貼合。

## 3.眼部下方、唇周要仔細調整均勻

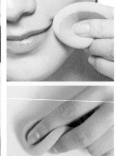

塗完額頭與下巴，輕壓眼下與嘴角，調整勻
透，然後再補粉塗抹另一側臉，用食指抵住
粉撲形成U形更便於塗抹細節部位。

## 4.用粉撲消除多餘油脂

用粉撲輕輕拍打全臉，提升服貼感，吸去多
餘油脂，改善油膩。

三角形海棉

固體粉底

### 底妝的全基礎秘訣

# 010

# 用海棉塗固體粉底令底妝服貼緊密

上妝要點：海綿配合固體粉底打造出無瑕底妝

★ 先在手背上調和粉底使之更易推開。

★ 不要來回推抹，配合按壓使妝容更服帖。

★ 最後噴化妝水，可以令底妝持久。

## 1.在手背上軟化固體粉底

將固體粉底塗抹在手背上進行調和，利用手指的溫熱使粉底膏更柔軟。

【秘訣】質地比粉底液厚重的膏狀粉底，適合用
海綿塗抹，可以將粉體壓碎。塗抹時不
要來回推抹海綿，易結塊。

## 2.用海綿以推抹、按壓交替進行的方式塗抹

從油脂分泌量大的部位開始，避開眼窩，從眼部下方塗開，避免堆粉，鼻翼用海棉尖部輕按。

## 3.完妝後噴化妝水提升固體粉底的貼合度

全臉噴保濕化妝水，並用乾粉撲輕輕按壓，增加粉底與肌膚的貼合度。

◆ **步驟細節：用乳液浸濕粉撲有助推開粉底**

固體粉底的
粉體偏乾，塗
抹前可以用乳
液將粉撲稍微
浸濕一些，再
沾取手背上的
粉底，通過改
善粉體的乾燥
狀況，就能提高延展性，避免塗抹厚
重，塗後在臉上噴化妝水，妝感就會
更服貼。

# 調整散粉塗抹順序
# 為粉餅加點柔光

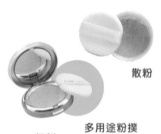

散粉

粉餅　多用途粉撲

上妝要點：用散粉點亮粉餅，光澤更柔和

★ 將珠光散粉用於粉餅前，效果就不一樣。

★ 粉撲要均勻沾粉並畫大圈塗抹。

★ 遮瑕膏使用後馬上以散粉修飾避免花妝。

## 1. 以輕拍的方式在暗沉處塗抹遮瑕膏

用指腹輕拍隔離霜修飾膚色，主要遮蓋黑眼圈與明顯的色斑。

## 2. 消除餘粉使散粉更加輕盈

用粉撲整體沾取散粉，然後在手背上輕拂，轉動粉撲除去餘粉，使著粉更均勻。以粉撲沾粉後儘快撲粉，避免遮瑕膏凝固後附著力降低。

## 3. 畫大圈塗抹散粉輕盈覆蓋肌膚

在臉頰畫大圈，粉末就會形成一層輕盈的薄膜並均勻覆蓋肌膚，其餘部位一帶而過。

## 4. 完妝後噴化妝水提升固體粉底的貼合度

用海棉沾取粉餅按臉頰、額頭、鼻部、下巴的順序薄薄地塗一層。眼角與嘴角用海棉尖部調勻，最後在T字部位輕掃亮彩修容粉提亮。

# 用刷子旋轉塗粉餅
# 使肌膚變得有光澤

上妝要點：刷子與粉餅的搭配提升亮澤感

★ 用刷子可以消除粉粒，避免粉餅塗厚。

★ 刷頭內部要充分沾上粉末再上妝。

★ 旋轉刷頭反覆塗抹來打磨出光澤。

粉餅

多用途粉刷

## 1.轉動刷頭使刷子內部充分沾粉

用刷子沾取粉餅，反覆轉動刷頭，使刷子的內部充滿粉末，然後將刷子在手背或粉撲上輕拂去餘粉。

【秘訣】使用珠光妝前底乳，然後塗抹具有較好遮蓋力的米色散粉，珠光可透過散粉。

## 2.在臉頰兩側旋轉移動刷頭反覆塗粉服貼

邊旋轉刷頭邊從一側臉頰向另一側滑動刷子反覆塗抹，臉頰部位大面積橫向旋轉刷子，使粉末更服貼。

## 3.用刷頭剩餘的粉末輕薄塗抹

 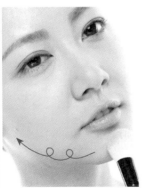

呈放射狀輕掃額頭，避免眉間卡粉，上眼皮一帶而過，從下巴沿臉部輪廓旋轉刷頭塗開。

◆ 步驟細節：在意的部位用海綿修飾

與用海綿打底相比，刷子塗粉餅會使妝效更輕薄，在修飾鼻翼、臉部雀斑等容易花妝或須要遮蓋的部位時，要用海綿輕輕按壓，遮蓋效果會更好。

遮瑕膏

遮瑕液

遮瑕筆

遮瑕棒

## 底妝的全基礎秘訣 013
# 選對基礎遮瑕品
# 通向完美印象的捷徑

上妝要點：不同遮瑕品的使用要點與技法

★ 遮瑕品類似粉底，延展性越好，透明度與保濕度越高，但遮瑕力相對會降低。

★ 用手指先溫熱遮瑕膏更便於暈開均勻。

| 遮瑕品種類 | 質地特點 | 使用特點 | 基本用法 | 用途 |
|---|---|---|---|---|
| 固體遮瑕品（遮瑕棒） | 粉體的含量相對較高，其中，含水量越高，保濕力與延展性越好，而含水量越低，遮瑕力越高，透明度相對降低 | 用指腹或粉撲以輕拍的方式塗抹，膏體靠體溫軟化後會變得柔滑而更容易推抹均勻 | 塗1~2分鐘後再上粉底，用於粉狀粉底或粉底液之前 | • 痘痘<br>• 色斑<br>• 黑眼圈<br>• 毛孔 |
| 膏狀遮瑕品（遮瑕膏） | 觸感較柔和，和肌膚的融合性較高，具有固體與液體遮瑕品的共性，柔滑質地可以填補肌膚不平，既能修飾細小部位也能用於全臉的瑕疵 | 其中調色遮瑕盤的顏色深淺搭配，更便於調出適合膚色的色調，不會過白或過厚 | 膏狀質地在暈開時會有些偏乾，容易對肌膚造成負擔，可以和少量粉底液調和使用 | • 色斑<br>• 黑頭粉刺<br>• 色素沉澱<br>• 黑眼圈<br>• 紅血絲 |
| 液體遮瑕品（遮瑕筆、遮瑕液） | 潤澤度與延展性較好，質地輕盈，遮瑕效果不如固體與膏狀。一般有沾取型、筆型兩種類型。可以較好的貼合肌膚紋理，主要用於使膚色看起來更明亮均勻 | 液態質地的遮蓋效果比較自然，具有亮光效果，在T字部位塗抹可以使妝容更立體 | 關鍵在塗後的1~2分鐘，稍待水分揮發後用指腹暈開，就可以獲得較好的遮蓋效果 | • 黑頭粉刺<br>• 色斑<br>• 細紋<br>• 眼周暗沉<br>• 提亮局部 |

遮瑕力高　持久度高

透明度高　保濕力高

## 底妝的 全基礎秘訣
## 014

# 根據遮蓋部位不同
# 選擇適宜遮瑕品類型

針對不同問題選用不同遮瑕品

### 紅腫痘痘用遮瑕液與遮瑕膏

★ 遮瑕筆比手指更易修飾痘痘邊緣。　★ 液體與膏狀的疊加更持久。

### 1.用黃色遮瑕液矯正泛紅的膚色

用棉花棒將黃色遮瑕液輕輕點塗在痘痘中央，待遮瑕液略乾，用新棉花棒向周圍暈開。

### 2.用遮瑕筆重疊遮蓋痘痘並塗抹蜜粉

用遮瑕刷將比膚色深的遮瑕膏從痘痘邊緣向內側塗勻，用蜜粉輕按遮瑕處定妝。

【秘訣】在遮瑕膏中混合少量乳液，這樣遮蓋後會比較滋潤，不容易出現浮粉問題。

### 痘疤用遮瑕膏

★ 重疊塗抹遮瑕膏，並配合濕敷與蜜粉定妝，提升遮蓋力與持久度。

### 1.濕敷軟化痘疤再輕輕塗上遮瑕膏

用保濕化妝水濕敷痘痘部位，再用棉花棒輕輕點塗遮瑕膏並向周圍暈勻。

### 2.重疊塗抹遮瑕膏並用蜜粉定妝

用遮瑕刷沾取遮瑕膏重複塗在痘疤處並輕壓貼合，用海棉輕拍蜜粉定妝。

【秘訣】用化妝棉沾取痘痘專用的保濕化妝水濕敷痘疤部位，待局部肌膚軟化後再遮瑕才會服貼。

## 眼下用遮瑕筆

★ 柔軟的刷頭與潤澤的質地適合用於脆弱、易敏感的眼周肌膚。

★ 眼尾橫向描畫線條更簡單。

### 在眼下與眼尾部位描畫線條再抹開

用筆刷沿眼下輪廓描畫線條，眼尾橫向描線，用指腹輕輕拍按塗抹部位自然暈開。

## 毛孔用固體遮瑕棒

★ 膏體有較好的附著力，適合遮蓋粗大的毛孔。

★ 塗抹時由下向上是重點。

### 由下向上用遮瑕棒塗抹並用粉撲按壓

直接用固體遮瑕棒從下向上一點點重疊塗抹在毛孔粗大的部位，並用粉撲邊緣由下向上拍按均勻。

## 泛紅鼻翼用遮瑕液

★ 膏體呈液態，用量更容易控制。

★ 遮瑕液的小棒能夠塗抹到細小部位，潤澤質地更好與肌膚融合。

### 點塗上遮瑕液並用海綿按壓暈開

用遮瑕液的小棒沿鼻翼的弧線點塗上幾個點，然後用海棉的邊緣輕輕按壓，將遮瑕液暈開，與周圍肌膚融合。

## 唇部用遮瑕液

★ 柔滑的液態遮瑕品能和肌肉活動頻繁部位很好貼合。。

★ 修飾唇周膚色的同時使嘴角上翹。

### 描線與點塗的方式修飾唇周膚色

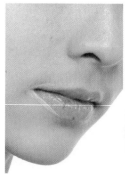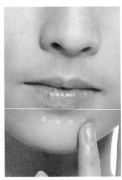

呈「＜」形塗在膚色暗沉的唇角，不要貼唇框勾勒線條，以免不易暈開。唇部下方塗幾個小點，用手指向兩側均勻推抹開。

### 色斑用遮瑕棒

★ 具有延展性的遮瑕棒遮蓋力較強，直接使用就可以輕鬆遮蓋住明顯的斑點。

## 用遮瑕棒略大於斑點部位塗抹

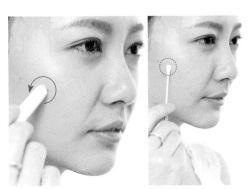

直接用遮瑕棒在比色斑略大一圈的範圍轉圈塗抹，然後用棉花棒只暈開塗抹的邊緣部分。

### 斑點用遮瑕膏

★ 和肌膚的融合性較高，遮蓋力強。
★ 用棉花棒呈放射狀塗開更顯自然。

## 細緻地塗抹遮瑕膏並用棉花棒暈開

略大於瑕疵塗抹遮瑕膏，用棉花棒沿色斑輪廓呈放射狀抹開，與周圍肌膚融合。

### 色素沉澱用液體遮瑕筆

★ 色素沉著造成的斑點肌膚一般都偏乾，所以適合液態遮瑕品的水潤質地，應避開固態遮瑕品。
★ 用液體遮瑕筆因具有一定亮光效果，塗抹在想要提升明亮度的部位，可以輕鬆打造出立體感。

## 1.用液體遮瑕筆修飾色素沉積部位

用橘色液體遮瑕筆描畫線條，調和色素沉著，用指腹輕輕拍按。

如果色素沉著比較明顯，再用指腹沾取含水量高的遮瑕膏輕壓。

## 2.重疊塗抹粉底霜並用珠光蜜粉加固

在遮瑕液上重疊塗抹薄薄一層粉底霜，最後用粉撲將珠光蜜粉輕輕按壓於遮蓋部位。

## 底妝的 全基礎秘訣 015

# 改善暗沉、斑點問題 自然遮瑕的調配法

**保濕乳液**

上妝要點：遮瑕品與乳液混合提升水潤感

★ 將遮瑕液與保濕乳液以8：1的比例在臉部調和，使
　遮蓋效果更自然。

★ 強調眼下三角區可以襯托出明亮膚色。

## 1.調和乳液與粉底液按摩般塗抹全臉

全臉塗抹保濕乳液，臉頰與須要修飾的地方
多塗一些乳液，並重疊塗抹遮瑕液，然後用
指腹畫圈混合塗抹開。

## 2.將混合後的遮瑕乳液延展開

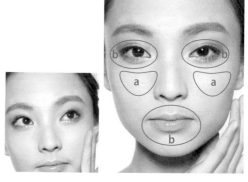

從臉頰由內向外將遮瑕乳延展開，提亮眼下
三角區（a），易暗沉的眼周與唇周（b）也
會顯得明亮起來。

## 3.光感粉餅與粉色蜜粉整體修飾膚色

趁底乳還保有水分，在全臉拍上光亮型粉
餅，並用粉色系蜜粉重疊塗抹，暗沉部位。

◆　步驟細節：嚴重部位搭配使用粉色
　與膚色遮瑕膏

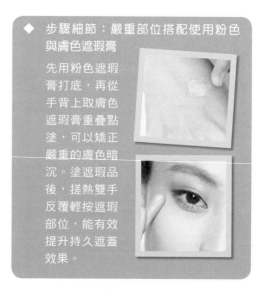

先用粉色遮瑕
膏打底，再從
手背上取膚色
遮瑕膏重疊點
塗，可以矯正
嚴重的膚色暗
沉。塗遮瑕品
後，搓熱雙手
反覆輕按遮瑕
部位，能有效
提升持久遮蓋
效果。

## 底妝的全基礎秘訣 016 隱藏眼部各種瑕疵 使眼周膚色變明亮

刷子與粉餅的搭配提升亮澤感

### 黑眼圈基本矯正法

★眼部下方整體遮蓋會很突兀，用畫線的方式可以使過渡更自然。

★先用黃色中和偏咖啡色的黑眼圈，再以接近膚色的遮瑕膏二次遮蓋，比直接塗淺色更自然。

★加入光澤感可以增強遮蓋效果。

#### 1.呈放射狀描畫線條並拍按

調和遮瑕膏的色調，略偏黃，並且比粉底色略深一些，融合性更好。從眼角開始至黑眼球外側，在黑眼圈的凹陷處，用黃色遮瑕膏呈放射狀描畫線條。

#### 2.用指腹拍按均勻，撲蜜粉提亮膚色

在塗抹的線條區域，用指腹將膏體拍打按壓均勻，範圍不要擴大，再輕撲蜜粉提亮。

### 眼周大面積暗沉

★第一層用黃色矯正，第二層用膚色調和（第二層範圍要大一些）。

★從黑眼圈出現的最下緣開始，輕輕由下眼瞼向臉頰處拍按，範圍以剛好遮蓋住黑眼圈部位為準。

#### 1.畫線條塗抹黃色遮瑕膏

將黃色遮瑕膏畫線塗抹在黑眼圈處並拍按均勻，將接近膚色的遮瑕膏在手背塗開。

#### 2.拍按均勻，重疊刷上粉餅與蜜粉

用手指將遮瑕膏點塗在黑眼圈處並均勻按壓，在遮瑕處輕刷粉餅，並大面積掃上蜜粉。

## 眼袋下方暗沉

★ 不要大面積遮蓋凸出的眼袋，只在眼袋下方的凹陷陰影部位進行膚色矯正就可以了。

★ 先用黃色中和偏咖啡色的黑眼圈，再用接近膚色的遮瑕膏二次遮蓋，比直接塗淺色更自然。

### 1.眼袋下方用遮瑕筆與遮瑕膏修飾

用潤澤的液體遮瑕筆提亮眼袋下方，要避開略凸出的眼袋部位，然後在眼袋下方用遮瑕膏輕輕拍按均勻，重疊矯正暗沉膚色。

【秘訣】 由於脂肪堆積造成眼袋下方暗沉，應在眼袋下方矯正膚色，大面積遮蓋會導致眼袋更加明顯。

### 2.在遮蓋的部位用珠光蜜粉提亮

用粉刷在眼袋下方輕掃上粉餅，然後再用珠光蜜粉於眼袋下方提升明亮度。

## 眼角暗沉

★ 眼角暗沉一般是由於肌膚老化而出現細紋所導致，避免用乾性遮瑕品，否則容易造成卡粉。

★ 運用潤澤的液體遮瑕筆，只在暗沉的眼角部位使用，重疊塗少量遮瑕膏，配合蜜粉，隱藏皺紋。

### 用珠光液體遮瑕筆局部遮蓋眼角

用帶有珠光的液體遮瑕筆在眼角處遮蓋，混合少量膚色遮瑕膏重疊塗抹在遮蓋部位，然後用眼部專用珠光蜜粉提亮。

◆ 步驟細節：用乳液浸濕粉撲有助於推開粉底

固體粉底的粉體偏乾，塗抹前可以用乳液將粉撲稍微浸濕一些，再沾取手背上的粉底，通過改善粉體的乾燥狀況，就能提高延展性，避免塗抹厚重，使粉底更貼合肌膚。

# 底妝的全基礎秘訣 017

## 解決乾燥、細紋煩惱 調配持久潤澤的粉底

上妝要點：在粉底中調入面油提升滋潤度

★ 面油與潤澤型粉底液按1：4調和。
★ 用深淺兩種色調的粉底液塑造立體感。
★ 一般的乾性肌膚可以用乳液代替面油。

潤澤粉底液

面油

### 1. 調和面油與粉底液按摩般塗抹全臉

用比膚色暗一號的潤澤粉底液與面油按4：1
的比例調和在一起，由內向外推抹全臉。

【秘訣】偏乾燥的肌膚容易敏感，特別是敏感、
　　　　脆弱的眼周，適合選擇質地更輕薄的液
　　　　體遮瑕品，對皮膚的負擔也相對小一
　　　　些。

### 2. 視線集中區域重疊塗抹淺色粉底液提亮

用指腹沾取少量比〈步驟1〉淺一些的粉底液
重疊塗抹在眼部下方的三角形區域。

### 3. 二分鐘後用海綿按壓貼服並掃上粉餅

待2分鐘後，用海綿輕輕按壓容易脫妝的眼
周、T字部位，並在T字部位輕輕掃一層粉餅
營造透明感。

◆ 番外秘訣：根據問題選擇遮瑕色方法

遮瑕膏的顏色，黃色
勝過白色。黃色能有
效抵消如黑眼圈的青
色等暗沉膚色。而接
近膚色的遮瑕膏效果
比較自然。

❶檸檬色、橘色：
　修飾黑眼圈、眼袋的暗沉膚色，適
　合用暖色系的遮瑕膏，如橘色、粉
　色。

❷偏黃色、自然色：
　遮蓋紅腫的暗瘡或痘疤、紅血絲、
　小斑點適合偏黃色的接近膚色的顏
　色。

底妝的
全基礎秘訣

# 018

# 隱藏毛孔、泛紅煩惱
# 打造細膩平滑的美肌

保濕粉底液

粉底液中調入底乳提升遮瑕力

## 鼻部粗糙與泛紅

★ 修飾毛孔的妝前底乳與粉底液按1：7調和，以輕輕按壓的方式提升持久遮蓋力。

★ 含細微珠光粒子的蜜粉使肌膚更顯平滑。

### 1. 調和妝前底乳與粉底液修飾鼻周

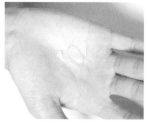

將具有遮蓋毛孔功效的妝前底乳與粉底液照1：7的比例調和在一起，用指腹由下向上按壓貼服。

### 2. 用拍打按壓的方式加固底妝

鼻頭用指腹輕輕拍按提升遮蓋力，然後向臉頰推開粉底。

### 3. 利用按壓提升粉底與肌膚的融合度

用刷子在全臉掃上蜜粉使底妝更顯平滑，用掌心輕壓全臉，並用指腹按壓鼻部使底妝融合。

◆ 步驟細節：修飾泛紅鼻翼的粉底塗抹技巧

修飾鼻翼兩側的黑頭與泛紅，用指腹在鼻翼附近的泛紅部位以按壓的方式塗抹粉底液，在塗抹粉餅時，要用粉撲的折角反覆輕壓，最後用散粉按壓修飾部位可以防脫妝。

## 鼻部毛孔粗大

★ 使用修飾毛孔的底霜與遮瑕膏，針對局部粗大毛孔進行遮蓋，效果自然加倍。

★ 用粉底刷塗抹粉餅與蜜粉，可以打造出貼合肌膚的均勻妝效，並帶給肌膚微微的光澤感。

### 1. 於遮瑕底霜上重疊塗抹一層遮瑕膏

將保濕遮瑕底霜塗抹全臉，毛孔處輕拍貼合，用遮瑕品重疊塗抹細微部位。

【秘訣】選擇含有二氧化矽為主要成分的底霜，利用矽化物填平毛孔凹陷處，並可以吸附多餘油脂，所含的粉質顆粒具有折射效果，能讓毛孔看起來不明顯。

### 2. 用粉底刷塗抹粉餅與蜜粉更顯平滑

用粉底刷塗抹粉餅讓貼合的妝容表面更加平滑，然後在須要修飾的局部塗抹蜜粉。

## 臉頰肌膚粗糙

★ 使用質地輕柔的礦物質散粉，既修飾臉頰的毛孔，又能保持妝容的自然通透感。

★ 瑕疵明顯的部位，在塗抹底乳後，重疊塗抹含矽化物的底霜局部加強遮蓋力。

### 1. 用底霜重疊遮蓋明顯的毛孔部位

全臉塗抹底乳後用手掌按壓貼合，毛孔明顯部位重疊塗抹含矽的修飾霜，用紙巾吸拭多餘油脂防止脫妝。

### 2. 用遮瑕液遮蓋斑點後刷散粉

在明顯的斑點處，用遮瑕液配合按壓薄薄遮蓋一層，最後用礦物質散粉定妝。

**底妝的 全基礎秘訣 019**

# 改善膚色暗沉問題 巧用粉色點亮肌膚

上妝要點：利用光的重疊效果消除蒼白感

★ 用粉色系的底乳帶給肌膚紅潤明亮感。

★ 用光亮型粉底注入透明光澤。

★ 蜜粉也選擇粉色系，呈現粉嫩光澤肌膚。

妝前底乳

蜜粉

## 1.塗抹粉色系光感底乳矯正暗沉膚色

用指腹塗抹粉色系光感的底乳，暗沉等瑕疵部位，重複塗抹提升遮蓋力。

【秘訣】在遮蓋局部瑕疵時，先薄薄塗抹一層珠光底乳，再使用遮瑕膏，可以減輕厚重感。

## 2.眼周暗沉用珠光效果的眼部底霜修飾

容易乾燥且暗沉的眼周肌膚，使用具有護膚效果的珠光眼部底霜，用指腹輕柔地推抹均勻。

## 3.光感粉餅與粉色蜜粉整體修飾膚色

趁底乳還保有水分，在全臉拍上光亮型粉餅，並用粉色系蜜粉重疊塗抹暗沉部位。

◆ 步驟細節：用光感粉底使肌膚變得純淨、透明

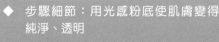

膚色暗淡，塗上粉底後缺少光澤感，選擇光感粉底，讓肌膚在不同光線下都呈現出潔淨膚色。上妝時最好用濕海棉塗抹。也可以在補妝時用來塗在T字部位提亮。

# 改善平淡臉部印象
# 利用光影突出輪廓

粉底棒

散粉

上妝要點：亮色與暗色的底妝疊加小技巧

★輪廓部位塗抹棕色粉底收緊臉部線條。

★嘴部周圍由外向內塗抹粉底提升立體妝效。

★打亮區用粉色系散粉打造自然亮澤。

## 1.用海綿塗抹接近膚色的保濕粉底液

以眼部下方臉頰為起點，用海綿塗抹粉底液，嘴周由外向內呈放射狀抹開，提升立體妝感。

## 2.用自然棕色系粉底修飾臉部輪廓

從太陽穴向下巴，塗抹棕色系粉底，用指腹暈開邊界，使粉底色自然過渡，收緊輪廓。

## 3.重點區域用珠光粉色系散粉提亮

在眼角與眼下三角區域，及T字部位用刷子塗抹珠光粉色系散粉提升整體妝容的立體明亮度。

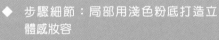
◆ 步驟細節：局部用淺色粉底打造立體感妝容

如果臉部瑕疵不是很明顯，可以將比膚色淺一號的粉底塗在T字部位和眼部下方即可，這個方法也是適合夏季的粉底塗法。越接近膚色、越低調的粉底色，越自然透明。

底妝的
全基礎秘訣

# 021

# 高保濕美容粉底霜
# 打造柔潤的絲滑肌膚

上妝要點：粉底液與粉色底乳的搭配使用

★ 粉底液能較好修飾膚色，底乳用量要少。

★ 粉撲滑動、拍按塗抹粉底液更服貼。

★ 只在眼部與鼻翼部位輕撲蜜粉定妝。

**1.** 妝前打底用粉撲塗抹少量的閃亮系粉色底乳

將粉色底乳先置於手背上可以控制用量，接著點塗在臉部，用粉撲由內向外薄薄塗抹一層。

**2.** 塗抹礦物質美容粉底液，用滑動與按壓塑造出平滑質感

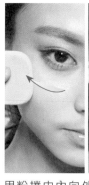

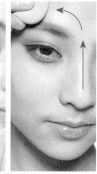

用粉撲由內向外塗抹含美容液成分的保濕粉底液，從臉頰到下巴，從鼻尖到額頭薄薄推開。

**3.** 用粉撲輕輕拍按毛孔與斑點部位加固底妝，提升遮蓋力

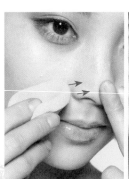

毛孔及斑點明顯的鼻翼、臉頰部位容易脫妝，用粉撲由下向上輕輕拍按，提升遮蓋力。

**4.** 提亮眼周並局部定妝、遮瑕

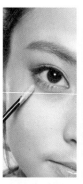
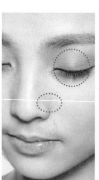
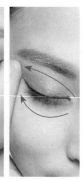

用橘色遮瑕液遮蓋黑眼圈，用指腹推抹至上眼瞼，最後只在眼部與鼻翼輕輕撲上蜜粉定妝。

底妝的
全基礎秘訣
022

# 深淺粉底與亮光蜜粉
# 演繹光影的立體輪廓

上妝要點：亮色暗色的粉底塑造立體感

★ 妝前用化妝水與美容液充分滋潤肌膚。

★ 塗抹深淺粉底後用粉撲暈勻交界處。

★ 只在眼下等打亮區用蜜粉定妝。

## 1.用化妝水充分浸透化妝棉滋潤乾燥肌膚

用保濕噴霧化妝水充分浸透化妝棉，由內向外塗抹全臉，化妝棉水分不足時，要再沾足化妝水。

## 2.用美容液充分滋潤乾燥肌膚

用雙手先溫熱美容液，接著將手掌以按壓的方式塗抹整個臉部，用紙巾輕撫肌膚表面，去除多餘油分，避免花妝。

## 3.臉部中央塗淺色、輪廓塗深色，用粉撲消除界線，深淺粉底塑造立體感

臉部中央塗抹比膚色淺一號的粉底液，輪廓部位塗抹深一號的粉底液，接著用粉撲將邊界的粉底顏色自然融合。

## 4.淺色粉底與蜜粉提亮

眼下重疊輕拍少量淺色粉底液與散粉，最後在眼下三角區、T字部位與下巴撲上亮光蜜粉。

## 底妝的全基礎秘訣 023

# 用乳液與BB霜打底
# 呈現服貼感細膩裸妝

上妝要點：在乳液基底上塗抹BB霜提升貼合度

★ 以提拉手法塗抹乳液，充分潤膚後用粉撲拭去多餘油分，令妝感清爽起來。

★ 不用在意BB霜的用法，像塗乳液一樣簡單完成，只在必要部位局部遮瑕。

★ 散粉用量要少，只需要在必要的眼周或雙頰部位帶過即可，否則會降低乳液與BB霜營造出的潤澤質感。

### 1. 用乳液調整出滋潤不油膩的肌膚（妝前護理）

塗足量化妝水，用乳液以提拉按摩的方式由內向外推開至全臉，用海棉輕按肌膚表面，吸拭多餘油分。

### 2. 從臉頰開始塗抹BB霜並拍按貼合（像乳液一樣塗抹）

用指腹從臉頰開始大面積塗抹BB霜，眼角、鼻翼用指尖拍打按壓緊密，然後用粉撲輕輕拍按肌膚表面使底妝與肌膚融合。

### 3. 用拍按的手法局部遮蓋瑕疵

眼下的暗沉、鼻翼泛紅會影響妝容的潔淨感，選擇和BB霜質地接近的遮瑕液以輕輕拍按的手法遮瑕。

### 4. 只在必要部位用少量散粉定妝，提升質感

調整刷頭用量，按兩頰、眼周與鼻部、下巴的順序一帶而過輕刷，用少量的散粉，避免妝感厚重。

◇彩妝部分

眼影：用亮色膏狀眼影打底，雙眼皮塗粉紅色眼影，用
　　　棕色塗抹上下眼尾收斂輪廓。

唇妝：用米色透明唇彩提升潤澤度。

適合日常、平日聚會，
潤澤而富有彈性的肌膚使人想要親近！

**泡沫妝前底乳**

**珠散粉**

### 底妝的 全基礎秘訣 024

# 妝前底乳與散粉 營造融入肌膚的光感

上妝要點：讓肌膚猶如自身般光潔而輕盈無瑕

★ 泡沫妝前底乳的質地像空氣般輕盈，不會給肌膚造成負擔。

★ 為了控制臉部中央的油光，在臉頰與輪廓處塗抹粉底液，提升自然光感。

★ 散粉選擇質地細膩的礦物質散粉，用刷子薄薄地在臉頰、額頭及打亮區輕輕掃上一層即可。

## 1. 用泡沫妝前底乳帶來滋潤光澤

用指腹取米色泡沫妝前底乳，先輕輕拍按眼下，修飾暗沉部位，然後從臉頰中央向外側輕薄地塗抹開。

## 2. 重點部位塗抹粉底液（只塗臉頰、額頭與鼻翼），用海綿拍按貼合

用指腹溫熱粉底液，在臉頰與額頭拍按塗抹，用海棉調整輪廓處，臉頰輕輕按壓讓粉底服貼，鼻翼易脫妝，用海棉重疊塗抹少量粉底液。

## 3. 用遮瑕膏去除肌膚暗沉，修飾明顯瑕疵

用遮瑕膏遮蓋鼻翼、眼部下方、嘴角的陰影部位，消除不均勻的色塊與明顯的斑點，使膚色更均勻。

## 4. 用刷子塗抹薄薄一層珠散粉

用刷子沾取散粉並抖落餘粉，從面積大的臉頰部位開始塗起，眼尾的C字部位與T字部位一帶而過，覆蓋薄薄一層。

◇彩妝部分
眼影：用米色膏狀眼影提亮整個上眼瞼，雙眼皮塗抹淺
　　　棕色眼影，用綿花棒融合深淺色。
眼線：用深棕色眼線筆勾勒內眼線。

適合日常、工作場合，
輕盈、滋潤的光澤肌膚透出優雅氣息！

### 底妝的 全基礎秘訣 025

# 用透明感乾濕粉餅 帶來輕柔溫暖的裸妝

上妝要點：利用光的擴散效果帶給肌膚柔和感

★ 選擇蘊含美容液成分的底霜深入肌膚內部，充分滋潤。

★ 容易堆粉脫妝的眼下與鼻翼，用粉撲折角塗抹貼合。

★ 在意的毛孔粗大部位用粉撲補塗少量粉餅提升遮蓋力，
最後用手掌覆蓋在臉部時不要用力按壓肌膚，避免造成
脫妝。

## 1. 像塗抹乳液一樣塗抹保濕底霜，滋潤打底

將蘊含美容液成分的底霜點塗在臉部，如同
塗抹乳液般用手掌按在臉上，由內向外薄薄
塗上一層。

## 2. 用粉餅打造柔和質感，遮蓋眼下三角區與鼻子周圍暗沉

用濕潤的粉撲沾取粉餅，先從臉頰開始由內而外
塗抹在臉上，鼻子與下巴部位由外向內塗抹，再
從鼻尖向額頭朝上塗抹均勻。

## 3. 眼周與鼻翼用海綿折角按壓服貼

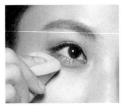

易堆粉的眼周部位，用海綿折角細緻按勻，
鼻翼容易脫妝，用海綿沾取少量遮瑕膏輕拍
服貼。

## 4. 用粉撲「拍按、拍打」提升遮蓋力

對於毛孔粗大的部位，將粉撲對折，沾取少量粉
餅，拍打毛孔處，提升遮蓋力。

底妝的
全基礎秘訣
**026**

# 化妝海棉塗抹粉底
# 營造薄透的服貼底妝

上妝要點:「按壓」提升底妝的持久服貼度

★ 按壓是提升底妝貼合度的重要手法,特別是易脫妝部位,通過輕輕拍按可以提升粉底與肌膚的貼合度。

★ 妝前底乳不要一直塗到輪廓處,可以避免重疊塗抹粉底液後妝容顯得厚重。

★ 選擇有邊角的化妝海棉塗粉底,其邊緣部位適合調整鼻翼等細節部位。

## 1. 在臉部中央塗抹妝前底乳打底

為了避免底妝顯厚重,用海棉沾取妝前底乳,從臉部中央向外塗抹粉底,不塗臉部輪廓處,鼻翼易脫妝處用海棉的尖端按壓貼合。

## 2. 用海棉按壓塗粉底液,邊按壓邊塗至輪廓處,T字部位一帶而過

用海棉以按壓手法塗保濕粉底液,從臉頰大面積推開,塗至臉部輪廓處,使粉底由內向外逐漸變薄,T字部位由上至下一帶而過。

## 3. 調和遮瑕膏的顏色修飾局部

用遮瑕膏根據遮蓋部位調和顏色,塗在需要遮蓋的部位,用指腹輕輕拍按均勻暈開。

## 4. 薄薄塗一層散粉定妝,打造透明感

用刷子沾取散粉並抖落餘粉,從臉頰開始塗起,眼尾與T字部位一帶而過,薄薄塗一層。

## 底妝的全基礎秘訣

# 027

# 用粉底液與粉餅
# 實現無瑕的透明天使肌

上妝要點：用粉底液與粉餅也要保持通透

★ 用粉底液代替遮瑕膏，只要重疊塗抹就可以自然修飾。

★ 在各個環節，借助粉撲、手部的拍打、按壓動作，使粉底更貼合，防止脫妝。

★ 珠光粉餅配合刷子使用，可以「拋光」肌膚表面，較好地修飾毛孔，增加了透明感，避免底妝厚重。

## 1. 由內向外側大面積塗抹妝前底乳

選擇接近膚色的自然色妝前底乳，用指腹從臉頰開始大面積向外側塗抹開，用手掌輕撫，使底妝與肌膚貼合更緊密。

## 2. 用粉撲由內向外塗抹粉底液均勻膚色

用粉撲從手背沾取粉底液，防止塗抹過厚，從臉頰中央開始，由點到線到面逐步向外側延展開。

## 3. 用粉底液代替遮瑕膏，只在必要部位重複塗抹少量粉底液

比較在意的眼下、鼻翼等部位，用海綿沾取少量粉底液重複塗抹並用指腹輕輕按壓貼合，然後用粉撲輕按肌膚表面，吸拭多餘油分，使粉底液與肌膚緊密融合。

## 4. 用刷子於打亮區塗珠光粉餅

用刷子代替粉撲塗粉餅提升透明感，珠光粒子能修飾毛孔，刷在T字部位、雙頰和下巴，再用手按壓貼合。

◇彩妝部分

眼影：用淺米色眼影提亮上眼瞼，雙眼皮塗抹棕色眼影
　　　並在眼尾加重，下眼尾塗抹金米色提亮。

唇妝：用膚色唇蜜打造裸妝效果。

適合日常、工作場合，
與肌膚融為一體的薄霧底妝富有親和力。

## 底妝的全基礎秘訣 028 解決易遇到的問題 使上底妝更得心應手

成功打造薄透持久底妝的實用上妝手法

**Q** 1.上底妝後總感覺粉底像浮在臉上，顯得十分不自然？

A.了解膚色基調，選擇適宜的妝容基色與亮度。

　　為了改變塗抹與膚色不融合的色調，底妝就容易顯得突兀，臉看起來會顯大，妝色越接近膚色效果才越自然。黃色系是較通用的色調。

　　試用妝前底乳時，在兩頰分別塗上暖色（如米黃色）和冷色（如粉紫色），與膚色相融合的一邊為適宜的色調。除了色調，粉底亮度也是影響自然與否的要素，在一側臉頰上並列塗上暗色、中間色、亮色不同亮度的粉底，選擇與肌膚相融合的。

**偏冷色**
- 膚色略偏藍，膚質薄
- 適合紫色等粉紅色調
- 咖啡色、象牙色易顯暗

**偏暖色**
- 膚色略偏紅，色澤健康
- 適合象牙色等偏黃色調
- 灰色與粉紅色易顯髒

**Q** 2.如何能自然遮蓋黑眼圈，又不會出現乾紋，不易脫妝？

A.妝前充分滋潤眼部肌膚，使遮瑕膏易貼合肌膚。

　　薄而敏感的眼周肌膚易乾燥，妝前用化妝棉浸透精華液濕敷，不要塗含油脂成分較多的眼霜，避免糊妝。

　　嚴重的黑眼圈，先用黃色遮瑕筆中和暗沉膚色，再輕按薄薄一層遮瑕膏，相對減少遮瑕膏的用量，避免厚重塗抹使眼周細紋卡粉。

**Q** 3.液態、固態遮瑕品如何區別使用？

A.根據遮蓋部位挑選不同質地是法則。

　　基本上，在遮蓋眼角、嘴角經常活動的部位時，適合使用質地柔和的遮瑕液；粉刺、疤痕或凹凸不平的毛孔，應使用質地硬一些的遮瑕膏。

**Q** 4.用遮瑕品遮蓋瑕疵後，效果不明顯？

A.根據瑕疵類型調整遮蓋技法。

　　不能一味使用單一遮瑕品修飾各類瑕疵，毛孔粗大部位要選擇含珠光微粒的遮瑕品，調整眼下與鼻翼的不均勻膚色，適合用黃色系遮瑕膏來有效遮蓋，遮蓋痘疤應在塗粉底後用遮瑕液修飾。

**Q** 5.中午過後，粉底經常出現明顯橫紋，如何快速恢復均勻的底妝？

A. 用保濕凝露直接溶開花掉的粉底。

花妝除了油脂分泌所導致，還容易因肌膚乾燥變得不均勻，修補時只需要用指腹沾取少量保濕凝露輕拍鼻翼、眼周等乾燥處，就可以溶開粉底，快速補勻。

**Q** 6.選擇了粉質細膩的粉餅，但還是容易塗抹厚重，出現浮粉？

A.將化妝棉捏成U形並轉動沾粉。

用食指抵住化妝棉的中部使粉撲彎成U形，沾粉時左右來回轉動綿片，使粉末更均勻地附著在化妝棉上，鼻翼部位也用同樣方法捏住化妝棉，用尖端塗勻。

**Q** 7.想要收緊臉部輪廓，但不擅長使用修容粉，感覺效果不夠自然？

A. 用深色粉底修飾輪廓並自然銜接。

塗妝前底乳後，選擇比膚色深二號的粉底液，用在沿臉部輪廓畫幾條線，然後以化妝棉在全臉塗抹接近膚色的粉底，輪廓交界處輕輕拍按使深淺色自然銜接。

**Q** 8.想打造蛋白肌底妝，肌膚缺少通透感？
A.浸濕海綿後再沾取粉餅。

塑造蛋白肌妝效，也要適當在局部提亮使妝容更顯透明，塗粉餅時，先將海棉用水噴濕，然後沾取粉餅在需要提亮的臉頰、眼下三角區等部位輕抹一下，就能呈現出自然光澤。

**Q** 9.塗抹散粉後經常出現浮粉問題？
A.調整散粉用量後畫大圈塗抹更顯輕盈。

用粉撲沾取散粉，先在手背上轉動粉撲調整用量，再用粉撲從臉頰開始畫大圈塗粉，這個手法可以使粉末像一層膜般細膩、均勻地附在肌膚上。

## 底妝專欄

# 基本工具
# 使化底妝更加順手

打造薄透持久底妝的
實用化妝品與工具

## 【妝前打底】

基礎護膚後、化粉底前用於隔離彩妝並修飾均勻膚色。

　　BB霜、妝前底乳具有一定的美容護膚功效，起到隔離、修飾臉部瑕疵，潤色的作用，使膚質更平滑，為後續底妝做好準備。

## 【遮瑕】

打造無瑕底妝的必備化妝品，根據遮蓋部位進行選擇。

　　眼周暗沉適用米黃色系遮瑕膏。眼部乾燥應選擇保濕型遮瑕霜避免卡粉。遮蓋斑點與黑頭選擇質地略乾的遮瑕膏，更貼合肌膚，黃色系較適合遮蓋粉刺、痘疤，多色遮瑕組便於調出自然色調。

## 【定妝】

在底妝的最後環節用於定妝，並提升妝容的透明感。

　　用於定妝的蜜粉可以營造出細膩的透明膚質，細小的珍珠粉為妝容帶來自然光澤，無論使用蜜粉刷或粉撲，輕薄、均勻上妝是要點。

## 【粉底】

根據粉底的水、油及粉的**含量**，挑選適合膚質及妝效的質地類型。

　　粉底的水、油及粉的含量不同，遮瑕力與延展性也有所差異，應根據膚質特點與妝容效果來進行選擇，其中，粉底液的使用率較高，適合打造日常妝容，粉底霜的保濕力與光澤感較好，粉底棒可以提升遮蓋力，粉餅可以快速完妝，使用時用化妝棉或手輕薄塗抹，打造均勻底妝。

## 【底妝工具】

通過化妝刷的摩擦與化妝棉的按壓，可以更好地修飾膚質，成功打造完美底妝。

　　打底時，除了選擇適合自己的化妝品，選擇適宜的工具對提升質感也十分重要，化妝刷的刷頭與質地，化妝棉的質感與形狀直接影響妝效，由於化妝刷、化妝棉直接接觸肌膚，刷毛的密集度、彈性與粉撲的細膩感非常重要，質地柔軟的工具最為合適。

◎ 粉撲、海綿、化妝棉

主要用於撲粉底和蜜粉，絲絨表面令粉質更勻地貼合肌膚，打造出輕薄、細滑質感。

◎ 粉底刷

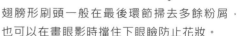

粗細適中的刷頭及圓頭造形，能薄薄地刷上粉底，使用100％山羊毛的刷毛能更好地打造出細膩質感。

◎ 餘粉刷

翅膀形刷頭一般在最後環節掃去多餘粉屑，也可以在畫眼影時擋住下眼瞼防止花妝。

◎ 蜜粉刷

常用的圓形刷頭具有拋光效果，寬扁刷頭更適合塗抹鼻翼、眼周的細節部位。

# 眉妝的全基礎秘訣

塑造輪廓柔美的清晰美人眉

線條不做作的自然眉妝

　　雙眉與臉部骨骼結構、妝容濃淡關聯甚密，確認臉部特點與希望展現的效果，找到適合自己的眉形與眉色是前提。由於每根毛髮都會改變整體效果，細緻修整、一根根描繪尤為重要，打造裸妝，有一定粗度的自然彎眉將更顯柔和。

## 眉妝的全基礎秘訣 029

# 眉與臉的平衡
# 找到比例適中的雙眉

眉形的基本確定：眉形要適合自身氣質與臉形特點

★眉形基本上要符合臉部骨骼結構，根據眼角與嘴角的位置及骨骼凹凸狀況來確定。

★一般情況下，眉形由眉頭向眉尾慢慢自然收細，眉尾要略高於眉頭，才不會看起來沒精神，眉尾部分不要過細，整個眉形要保持平衡感和一定的存在感。

★確認眉峰時，抬起眉，最挑高的部位就是原本的眉峰。

## 【技巧1】 根據臉部骨骼結構來確認基本的眉形

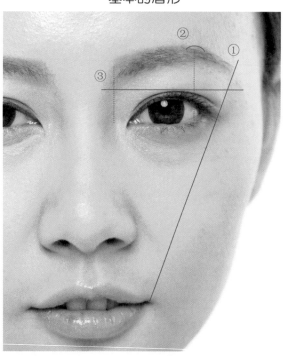

①眉尾（長度要適中）：眉尾位置最好不要超過嘴角與眼角的延長線，否則會顯得老氣。

②眉峰（眼梢上方自然過渡）：眉峰位於黑眼球外側與眼梢間，順著眉形自然過渡，太高的話會顯得刻板。

③眉頭（空出三公釐開始畫）：從眉毛生長的位置開始，向後約3公釐的部位開始描畫，用眉梳打理順暢即可。

## 【技巧2】 眉尾長度

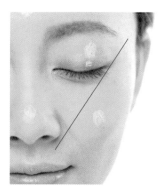

根據臉部輪廓來調整眼梢，對於橫幅過寬，或雙眼間距偏近、眼尾離輪廓偏遠的問題，通過拉長眼梢可以淡化缺點，確認時，眼梢的位置應在鼻翼與眼尾的延長線上。

## 【技巧3】 清除雜毛

除了眼周，眼窩及靠近眉頭處的多餘毛髮要細緻地清除乾淨，使眼周更顯明亮。

**眉妝的全基礎秘訣 030**

# 掌握眉妝基礎技巧
# 調整自然眉形與眉色

眉色與眉形的調整決定印象

## 眉色的調整技巧

★ 眉筆、眉粉與染眉膏的色調要選擇淡雅一些的，使雙眉看起來色澤清爽、質地柔軟。

★ 用眉筆描眉時，要細緻地一筆一筆畫出毛髮效果，填上顏色。

### 【技巧1】 眉色與髮色、妝色相融合

眉毛本身的顏色比較自然，但如果考慮整體妝容的協調感，也應注重眉色與髮色及妝色的融合度。介於眼珠顏色與髮色之間，如棕色系、褐色系等，與膚色自然融合的淡雅明亮色效果較自然。眉色過重的話，可以先用眉部脫色膏淡化眉色，使表情柔和。

### 【技巧2】 一筆筆畫出毛髮效果

用眉筆描眉時，以畫細線的方式，一筆一筆細緻地將顏色填滿眉毛的間隙，不要露出泛白的基底膚色。

## 修整眉毛的基本法則

★ 雙眉在臉部占據重要位置，定期修剪時要慎重確認粗細及平衡，否則會直接影響妝容。

★ 適當保留一定的粗度，令妝容顯得清爽、柔和些。

### 【技巧1】 修剪眉毛前要慎重地確認

定期修剪眉毛能使面容呈現嶄新印象，但修剪時要慎重確認粗細及平衡，眉峰與眉尾影響著側面輪廓，眉頭影響著鼻樑，細微調整也要謹慎操作。

### 【技巧2】 保留一定粗度，自然收細

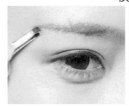 

靠近尾部的眉毛不要拔得過多，應保留眉周的細小毛髮，眉尾不要修飾過尖，適當保留一些隨意感。眉頭到眉峰要保持一定的粗度，眉峰呈自然小圓弧形才不會顯得突兀，修剪眉毛前，先梳理整潔，確認輪廓內外的毛髮，可以避免修剪掉輪廓內的必要部分。

## 修飾臉形的眉形

| 種類 | 臉形與眉形 | 適合的眉形特點 | 不適合的眉形 |
|---|---|---|---|
| 圓 形 臉<br>（適合眉峰外移的眉形） | | 眉峰弧度略向外移的拱形眉，可將上半臉向外延伸，收斂下半臉。適度描畫一定角度，表現力度和骨感，減弱圓潤、平板的感覺 | 避免平直的短粗眉形與過於彎挑的細眉 |
| 長 形 臉<br>（適合柔和的自然眉形） | | 柔和眉形能橫向拉長臉形，從視覺上縮短臉部長度，適合平直略帶弧度的眉形，也可畫短粗一些 | 不 適 合 弧 度彎，高挑、纖細的眉形 |
| 菱 形 臉<br>（適合圓潤些的眉形） | | 上寬下窄的話，眉峰的弧度略向內移，拉長眉尾，修飾顴骨的寬度，平直略長；上窄下寬的話，眉峰的弧度略向外移，縮短眉尾 | 不適合弧度大的眉形，眉峰的弧度要柔和 |
| 方 形 臉<br>（適合眉峰外移的彎眉） | | 弧度自然的拱形眉，可以弱化棱角感，使表情顯得柔和。為了與方下頜呼應，眉峰應在眉毛的3 / 4處 | 避免平直的細短眉形，略帶彎度更顯柔和 |

## 五種常見基本眉形

| 種類 | 適合的眉形特點 | 印象 | 適合臉形 |
|---|---|---|---|
| 自然眉 | 眉峰的高度與眉頭接近，眉峰至眉尾的弧度自然，比平直眉略有一點彎度 | 保持眉毛本身的隨意感，自然而清爽 | 所有臉形 |
| 拱形眉 | 眉頭和眉尾基本在一條直線上，眉峰高於眉頭，整個眉形弧度較大 | 富有女性魅力，可以彌補有棱角的臉形 | 菱形臉<br>三角形臉 |
| 柳葉眉 | 眉峰呈變形的半圓弧形，眉部整體寬度顯細窄，眉峰的弧度基本位於眼珠的中央 | 具有古典韻味，富有女性獨特氣質 | 圓形臉<br>倒三角形臉 |
| 上揚眉 | 眉頭比眉尾低，眉峰至眉尾有一定角度，眉峰的角度應柔和一些，不要過於生硬 | 精神、有朝氣，給人個性鮮明的感覺 | 方形臉 |
| 平直眉 | 眉頭與眉峰在一條水平線上，平坦沒有弧度，眉峰呈菱形，眉尾較短 | 呈現出純樸、自然的年輕感 | 長形臉<br>三角形臉 |

眉妝的
全基礎秘訣

# 031

# 柔和與力度的融合
# 用眉筆描繪自然眉

由左至右：棕色眉筆、附刷頭
的深色眉筆、雙頭自動眉筆

上妝要點：一根一根的用眉筆畫出細毛束

★ 先確定眉峰位置，使眉形順應眉骨的結構，並依照「先描畫邊緣，再填補內側
顏色的方式描畫」。

★ 小幅度細碎地移動筆尖，一根根描畫細細的線條，形成自然的毛束感是關鍵。

## 1.確定眉峰的位置並由眉峰描向眉尾

用與髮色接近的褐色
眉筆，先標記眉峰的
位置（眼珠外側與眼
尾連線中間與眉部的
交匯處）並描畫一條
短短的曲線，便於後
續描畫出輪廓。

確認眉尾位置（嘴角
與眼尾連線的延長線
與眉部的交匯處）並
標點，從眉峰向眉尾
描畫，不要只畫一根
線，應小幅度移動眉
筆描畫。

## 2.從中部向眉峰一根一根填補內側

空出1厘米

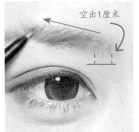

從距離眉頭約1公分的位置開始，沿眉毛上側
小幅度移動眉筆描畫，然後一根根畫細線填
補眉間的空隙。

## 3.眉頭部分要描淡一些

逆毛髮生長方向小幅度移動眉筆，描畫〈步
驟2〉空出的眉頭，眉頭的眉色要描畫得比眉
尾淡一些，避免顯沉悶。

◆ 步驟細節：一根根描畫細線填補眉毛間隙

描眉時，用眉筆沿毛髮生長方向，一
根一根地仔細畫出毛束感，細細的線
條仿佛自身生長的眉毛一樣，將眉毛
之間的空隙自然填補，不露出泛白
的肌膚，不要
用眉筆塗滿顏
色。

**眉妝的全基礎秘訣 032**

# 提升眉部清爽印象
# 修整出自然輪廓

上妝要點：用修眉剪與眉鑷清除輪廓外的毛髮

★距離眉部上方1公釐處開始修剪多餘雜毛，適當保留眉周的細小汗毛，修整後
眉形才能自然、不做作。

★用眉鑷拔除輪廓外的毛髮時，輕輕用手指按住上眼瞼，儘量從根部拔除。

### 區別「拔」與「剪」的修眉區域

先用眉筆沿確認好的眉部輪廓略偏內側一點描畫線框，然後用鑷子拔除線框外側的多餘雜毛，或用修眉刀刮除乾淨，長出線框外的眉尾部分，用修眉剪小心剪短即可。

由左至右：
附刷頭的眉筆、修眉剪、
電動修眉刀

## 1.修剪與拔除時要一根根謹慎進行

用修眉剪清理長出輪廓外的長毛。然後用眉鑷拔除上眼瞼的雜毛。修剪眉部上側時，離眉毛1公釐處開始修剪，保留眉尾至眉峰的細小汗毛才自然，眉尾朝眉峰方向用修眉剪一根根修剪眉下長毛。

## 2.整體梳理眉毛

用螺旋眉刷從眉頭向眉尾梳理整個眉毛，使毛髮更加整齊順暢，並適當地調整描畫的眉色，使效果更自然。

◆ 步驟細節：避免過度的修剪導致呆板

眉頭向上生長的毛髮與中部橫向生長的毛髮交匯處，是毛髮密集的區域，修剪時，只需要將這個區域長出輪廓外的長毛修短即可，適當保留眉毛的細小毛，避免眉形生硬。

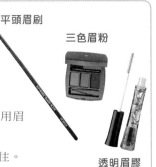

平頭眉刷
三色眉粉
透明眉膠

眉妝的
全基礎秘訣
**033**

# 使整體輪廓更清爽
# 用眉粉營造適當粗度

上妝要點：塑造有一定粗度的自然感雙眉

★ 用眉刷從眉頭到眉尾一氣呵成，很容易塗不均勻，用眉刷小範圍地填補上顏色，使整體輪廓更清爽。

★ 從毛髮根部充分暈染上眉色，使眉部肌膚完全遮蓋住。

## 1.消除眉部多餘油分再塗抹眉粉

為了避免眉粉結塊脫妝，先用粉刷在眉部輕刷蜜粉，然後用眉刷沾取眉粉，先描繪出眉峰的位置，再沿眉峰下側的眉毛邊緣斜向描畫出眉下位置。

## 2.從中部向眉峰一根一根填補內側

沿眉部輪廓，用眉刷先順毛髮生長方向，從眉峰平行刷至眉尾，再逆向刷眉頭部分，最後再順向將眉頭的顏色暈勻。

## 3.調整通順並定妝

用螺旋眉刷斜向上從眉頭刷向眉峰，再略向下從眉峰刷至眉尾，最後再用透明眉膠或透明睫毛膏定妝。

◆ 步驟細節：用眉粉修飾出自然的立體雙眉

沾眉粉後先在手背上試一下顏色的濃淡，去除刷頭上的浮粉，且沾粉一次即可，避免眉色塗抹過重。

利用深淺色眉粉，淺色用在靠近眉頭的前半部分，深色用於描畫眉峰與眉尾，用眉刷自然過渡，簡單營造出立體眉形。

棕色染眉膏

防水眉膠／
染眉膏

## 眉妝的全基礎秘訣 034

# 淡化眉色並定形
# 用染眉膏提升明亮度

上妝要點：用染眉膏暈染出清爽明亮的眉色

★ 眉部較稀疏的話，先用眉粉填補上眉色再用染眉膏，眉毛過於濃密的話，先逆向刷，較容易淡化眉色。

★ 染眉色後，用透明眉膏輕刷整個眉毛，在表層形成保護，定形並防止脫色。

## 1. 暈染眉色前梳理通順並補足眉色

用螺旋眉刷沿眉毛走向梳理通順，眉頭向上刷，眉峰斜向上梳順，然後用眉刷沾取眉粉補足稀疏的眉尾。

【秘訣】沾取染眉膏後，用紙巾輕拭去染眉膏刷頭上的多餘液體，可以防止眉毛打結。

## 2. 用染眉膏先逆向暈染再順向輕刷上色

用亮色染眉膏先暈染眉峰至眉頭，逆毛髮走向刷至毛髮根部，然後再順毛髮走向，從眉頭向眉峰輕刷毛髮表面，不要觸碰到根部，通過雙向塗刷的方式，使眉毛的著色更均勻。

## 3. 逆向梳理可以更好著色

如果眉毛比較濃密，眉色過重，用染眉膏先從眉尾逆向刷眉，可以更好地淡化眉色，最後用眉刷前端輕刷眉尾部分。

◆ 步驟細節：選擇明亮些的染眉膏使眉色更柔和

塗染眉膏後，眉部呈現的色澤要比染眉膏本身的顏色略暗一些，所以應選擇明亮一些的顏色，如金色系，可以打造出清爽的眉色，使整體看上去更柔和。

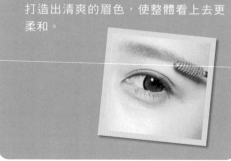

眉妝的
全基礎秘訣
**035**

# 柔和與力度調合
# 濃重眉的自然淡化

平頭眉鑷

上妝要點：眉粉暈染與強調眉尾巧妙結合

★ 粗重的濃眉，將眉毛拔短或拔掉輪廓內的眉毛來補救是錯誤的，正確的方法
是用棕色、褐色眉粉或眉膏暈染眉色，並描畫出順暢的眉尾，通過調整眉色
的濃淡，提升眉尾的存在感，使雙眉飽滿而不濃重，剛柔相濟。

## 1. 用深色眉粉描畫眉尾與眉峰

平行

用深色眉粉描畫眉尾（眉尾與髮際線平行），眉尾稀疏
部位用易著色的乳霜狀深色眉膏來描畫，然後用眉粉填
補輪廓內露出肌膚的部位。

## 2. 拔除眉周雜毛

距離眉部輪廓1公釐的部位，用
眉鑷拔除眉周的雜毛，提升清爽
感。

## 3. 用淺色眉粉或眉膏暈染濃重區域的眉色

用眉刷沾取淺咖啡色的眉粉，從眉頭向眉峰暈染眉色，用
淺色提亮眉色，眉峰向眉尾用眉刷一帶而過即可。

◆ 步驟細節：配合眉膏或睫毛膏修
飾眉色

眉毛雜亂，可以輕刷透明睫毛
膏加以改善。眉毛過於稀疏
時，畫眉後，用眉刷沾少量凝
膠狀眉膏或睫毛膏，由眉頭刷
至眉尾，提升濃密感。眉粉與
乳霜狀眉膏搭配使用，可以使
著色效果更自然。

眉妝的
全基礎秘訣

# 036

# 修出平直眉的曲線感
# 令印象成熟些

雙色眉粉

上妝要點：調整眉頭的粗度使眉形顯得更柔和

★對於呈直線的平直眉，調整眉峰處的弧度，並適度提升眉頭的粗度是關鍵。

★直接用眉筆描畫線條加粗眉形，容易顯得生硬，用眉粉配合染眉膏使雙眉變得更自然。

## 1.用棕色眉粉在輪廓內描畫眉形並清理雜毛

用眉刷沾取棕色眉粉在確定的眉部輪廓內按圖示順序與方向描畫，用眉鑷將上眼瞼距離眉部下緣1公釐部分的多餘毛髮拔除。

## 2.用眉粉調整眉頭的粗度，以螺旋眉刷暈染

從眉毛中間向眉頭用眉粉暈染眉色，眉頭過細的部位，橫向使用眉刷，沿下緣描畫，使眉頭適當加粗，然後用螺旋眉刷輕刷眉毛，使眉色更均勻。

## 3.用染眉膏調整眉色

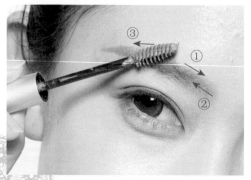

為了提升眉色的柔和效果，用亮色染眉膏按圖示順序與方向暈染眉色。

◆ 步驟細節：輕拭染眉膏刷頭的膏體再刷眉

使用染眉膏前，將刷頭輕輕在紙巾上擦拭幾下，去除多餘的膏體後再刷眉，可以防止結塊。

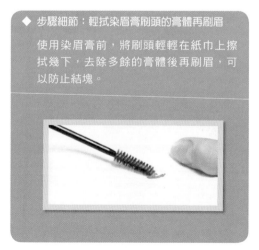

## 眉妝的全基礎秘訣 037 淡化顯眼的眉色 使雙眉淡雅而柔軟

用自然手法提升雙眉的明亮度

### 濃密的眉毛顯沉悶

★直接用明亮色的染眉膏調整眉色，減弱濃眉印象，比較簡單。

★如果眉毛方向改變的區域過於濃密，就要適當修剪長出輪廓外的毛髮。

★特濃密處可適當拔除2～3根眉毛。

#### 1.用染眉膏調整眉色 淡化印象

用染眉膏先逆著毛髮走向刷，使根部充分上色後，再順毛髮走向刷，將眉毛打理通順。

#### 2.適度修剪過於濃密的毛髮

眉峰處的眉毛走向改變使毛髮集中，用螺旋眉刷抵住輪廓處，修剪去長出輪廓外的部分。

輪廓外的多餘雜毛要適當拔除，保留眉毛邊緣1公釐處的絨毛不拔，避免濃密處更明顯。

### 過黑的眉色實在太顯眼

★眉色過黑，看著很顯眼，塗眉粉時只要稍微補足眉色就足夠了。

★刷染眉膏時，先逆向再順向，借助眉毛的走向，才能更好地淡化眉色。

#### 1.只需用眉粉稍微修飾眉色不足處

用眉刷沾取接近眉色的棕色系眉粉，從眉頭向眉尾填補露出肌膚的眉毛間隙，不要塗滿整個眉毛。

#### 2.用遮瑕膏與染眉膏調整過黑的眉色

用棉花棒沾取少量遮瑕膏，輕輕塗抹眉色過黑的部位，以逆著毛髮的走向塗，才能均勻著色。

用亮色的染眉膏逆毛髮走向輕刷整個眉毛，再順毛髮走向輕刷一遍，均勻調整出淡雅眉色。

## 使輪廓更清晰
## 稀疏眉的勻色填補

眉妝的 全基礎秘訣 **038**

用埋入式畫法調整過淡、稀疏眉毛

棕色眉筆

液體眉筆

### 眉色過淡感覺沒親和力

★ 確認眉峰位置後，矯正眉峰下緣的輪廓，描畫有角度的偏直線條。
★ 只在眉色過淡的部位與稀疏的眉尾，用眉筆小幅度移動描畫，用埋入式手法使顏色自然均勻。

### 1.矯正眉峰下側輪廓後用眉粉描眉

確定眉峰的位置（眉峰不要過於靠內側），用棕色眉筆沿眉頭的角度，沿眉峰的下緣描畫直線，用棕色眉粉按圖示順序描畫。

### 2.小幅度移動筆尖一點點填補上顏色

眉色過淡的部位，將眉筆豎起，邊小幅度移動筆尖，邊埋入式填補眉毛的間隙，使著色更均勻。

從眉峰至眉尾用眉筆沿毛髮走向描畫，逐步收細，將稀疏部位細碎填補上。

### 眉毛稀疏不明顯

★ 淡色的液體眉筆與凝膠狀眉膏的組合，讓眉毛濃密而不失柔軟感，彷彿自身的絨毛般柔和。
★ 保留一定粗度，但不要過度用顏色塗滿眉毛，反而會顯濃重。

### 1.用液體眉筆細細描畫出絨毛效果

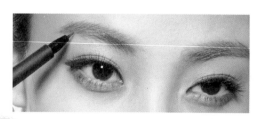

從眉頭向眉尾，用棕色系的液體眉筆，小幅度移動筆尖，仔細填補毛髮較稀疏的部位。

### 2.用凝膠狀眉膏與染眉膏調整眉色

用眉刷沾取凝膠狀眉膏適當加粗眉峰至眉尾部分，使眉形顯得更飽滿。

用染眉膏輕刷眉毛，提亮眉色，使眉毛的質感更輕柔，並起到定形效果。

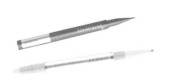

**眉妝的 全基礎秘訣 039**

# 解決常見眉部問題 打造絨毛感的平衡眉

具有真實感效果來修飾雙眉

## 過渡拔眉毛導致殘缺

★ 過渡拔眉容易造成部分區域眉毛長不出來，這時用眉粉畫出彷彿自身絨毛般的自然效果，
並在想要提升眉毛感覺的地方，用眉筆仔細描畫，將可以修飾出真實感。

### 1.在殘缺的部位用眉粉打造絨毛感

用刷子沾取棕色眉粉，在眉毛不再生長的殘缺部位，一點一點地仔細描畫上顏色。

眉頭部位要稍微多塗一些眉粉，使雙眉呈現平衡感，整體眉形更飽滿。

### 2.在想呈現眉毛感覺的地方畫出毛髮

用棕色液體眉筆，在眉毛不再生長的部位，一根根地描畫出眉毛的效果，眉尾部分橫向拉伸，不要過於下彎，與眉頭呈現自然平衡感。

## 左右眉有些不對稱

★ 為了使左右眉對稱，而拔掉高出部分的眉毛是不正確的，將導致眉部活動時顯得不自然。
★ 通過描畫眉峰並在眉頭下方添加陰影，可以有效協調左右側的平衡。

### 1.用眉筆填補顏色並用棉花棒暈開

確認眉峰並用眉筆從眉頭向眉尾一根根地細碎描畫，填補上眉色，用棉棒暈勻。

用棉花棒從眉頭向眉峰沿輪廓內側並順毛髮走向暈開眉筆描畫的線條，將使顏色更均勻。

### 2.眉頭下方加入陰影效果提升立體感

用陰影刷沾取淺棕色修容粉，沿眉頭下方的弧度輕刷，使眉部呈現出立體妝感。

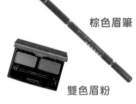

棕色眉筆

雙色眉粉

眉妝的
全基礎秘訣
**040**

# 兼顧自然與清晰感
# 畫粗度適中的自然眉

上妝要點：眉粉、眉筆與染眉膏的組合運用

★眉形要呈直線形，帶有弧度的話很難描畫出自然粗度。

★眉尾的位置不要過於下垂，眉尾與眉頭中央呈水平，而且不要過長過彎。

★眉峰附近的顏色要稍微深一些，營造出自然陰影效果。眉頭要自然暈開，營造出輕柔的毛髮感。

## 1.用棕色系眉粉塗抹眉峰至眉頭部位

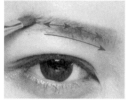
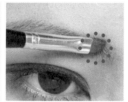

用眉刷調和深棕色與淺棕色眉粉，從眉峰上端開始來回移動刷頭向眉頭描畫，眉頭用眉刷描畫後，用棉花棒沿著眉頭的弧度由上向下暈開顏色。

## 2.眉尾的位置與弧度影響整體印象

由於眉尾過長或弧度過於彎曲，會顯得不夠自然，確定眉尾的位置時，從眉頭寬度中間開始畫一條水平線，眉尾的位置就在這條線上。

【秘訣】眉毛很短的話，用眉粉與眉筆描畫後，再用液體眉筆一根根描畫，主要在填補眉尾部位毛髮稀疏部位。

## 3.用眉筆填補不足部位

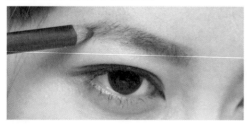

用棕色眉筆填補稀疏部位，眉峰下方中心至眉尾深色，眉峰下至眉頭用淺色來描畫，可以突出立體感。

## 4.充分塗抹到眉毛內側

用古銅色染眉膏先以逆向眉毛一直塗抹到眉毛內側，接著沿眉毛生長方向塗刷表面。

# 巧妙運用濃淡色
# 畫深淺漸層的立體眉

三色眉粉

上妝要點：深淺雙色眉粉的搭配描畫技巧

★ 以眉峰為中點，在眉頭至眉峰的偏粗部位用淺色暈染，眉峰至眉尾的偏窄部
位用深色填補眉色，使眉色過渡自然。

★ 暈色時，要結合眉刷的尖端和側面，分別修飾窄部與寬部。

## 1. 用深色眉粉從眉峰開始描畫細細的線條

用眉刷沾取深色眉粉從眉峰向眉尾描畫，豎
起眉刷描畫細細的線條，描出深色細線可以
避免深色眉粉暈染過重。

## 2. 用淺色眉粉由眉頭向眉峰自然填補顏色

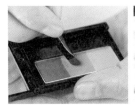 

用眉刷沾取淺色眉粉從距離眉頭3公釐處開始
向眉峰描畫，使眉頭至眉峰有一定粗度，眉
頭下方輕刷，提升立體感。

## 3. 暈開深淺交界處

用眉刷的尖端輕輕細碎的暈開深淺色的交界
處，使顏色自然過渡，顏色均勻。

◆ 步驟細節：在眉周添加亮光提升立體效果

稀疏或眉色偏淡，描眉後，用眼影棒
沾取少量茶色、米色的修容粉，沿眉
上邊緣，從眉峰向眉尾輕輕地描畫線
條，眉峰下緣也暈染一下，用亮色襯
托出眉部的輪廓。

# 保留些許隨意感
# 打造質感柔軟的粗眉

上妝要點：保留自然毛髮效果的粗眉倍感柔和

★ 從眉頭到眉峰要保持一定的粗度，基本上接近於直線比較柔和。

★ 只要拔除完全不需要的雜毛即可，否則會過於強調輪廓，顯得不自然。

★ 眉尾不要過於尖細，保留眉周的細小絨毛形成柔和弧線更自然，且眉尾不要
低於眉頭。

## 1. 適當修眉，只須修去完全多餘的雜毛

沿毛髮走向整理眉形，拔除距眉峰1公釐的眉上多餘雜毛，並拔除眉毛下側靠近眼窩處的多餘毛髮，剪掉翹出輪廓外的長毛部分，眉周的小小絨毛要保留。

## 2. 塗深棕色眉粉，描繪有粗度的眉頭至眉峰

毛髮較稀疏的部分，用眉筆補足眉色，眉峰要用眉筆畫得略粗一些，並保持平直的曲線，弧度不要過大。

## 3. 仔細描繪眉毛填補顏色並控制粗度

用眉刷沾取深棕色眉粉，將眉頭至眉峰部位描畫上顏色，仔細將顏色暈開均勻，並保持一定的粗度。

## 4. 輕刷淺棕色眉粉使顏色更均勻

用眉刷沾取淺棕色眉粉描畫整個眉毛，用螺旋眉刷輕輕劃過眉毛邊緣使眉色與周圍肌膚融合。

## 5. 刷勻明亮色的染眉膏並軟化眉頭

用亮色染眉膏沿毛髮走向輕刷，眉頭處用棉棒輕揉，消除明顯色塊，使效果柔和。

◇彩妝部分

眼線：用棕色眼線筆沿上睫毛根部描畫眼線，柔和的質
地與自然線條與眉部的隨意感相呼應。

睫毛：只塗睫毛膏令睫毛自然纖長。

適合修飾有棱角的臉形，
恰到好處的修飾突出自然柔和的表情。！

# 平和線條不失率真
# 打造剛柔並濟的直眉

上妝要點：以眉部交匯處作為基準的描畫秘訣

★ 毛髮朝上的眉頭與毛髮向下的眉尾交匯處，作為描畫輪廓的基準點。

★ 用眉筆描畫後，再用眉粉重疊填補上顏色，使用眉色更加持久。

★ 染眉膏的塗抹方向一定要配合眉毛的走向，先逆向刷毛髮根部，再順向刷勻表面是法則。

## 1. 描畫眉尾並整理眉形：用眉筆從眉的中間開始向眉尾描畫輪廓

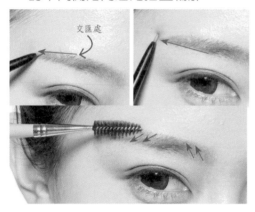

從毛髮朝上的眉頭至毛髮向下的眉尾交匯處（基本在眉部中央）開始，向眉尾描畫輪廓線，再由眉下交匯處向眉尾描畫，在末端連接，用螺旋眉刷沿眉毛走向整理眉形。

## 4. 適當拔除眉上雜毛

拔除距離眉毛上緣1公釐處的雜毛，保留邊緣的絨毛，使眉形顯得更加自然，富有立體感。

## 2. 適當進行修剪與拔除：整理眉峰至眉尾的長毛與雜毛

用修眉剪修整長出眉下輪廓外的毛髮，並用眉鑷拔出眉下明顯的雜毛。

## 3. 用眉粉分三個階段描繪眉色

用眉粉沿眉尾的輪廓線內側開始填補顏色，由眉毛中部至眉尾的上緣描畫，使眉形顯飽滿，再向眉頭偏下側描畫，使眉色呈現柔和感。

## 5. 用染眉膏結合毛髮走向染色，提升柔軟度

用亮色染眉膏從眉尾向眉頭逆向刷，眉頭處向下刷勻根部，最後沿毛髮走向塗刷眉毛表面使眉色均勻。

◇彩妝部分

眼影：用淺藍色眼影為眼部增添一抹亮色，細膩的珠光與柔和的粗眉相得益彰。

腮紅：用珊瑚粉色腮紅添加甜美感。

適合修飾長臉形與三角形臉，柔和中透出執著，自然質感令人倍感親切！

## 眉妝的 全基礎秘訣 044

# 線條、顏色、亮度
# 勾畫弧度適中的粗眉

上妝要點：巧妙結合描畫手法提升自然度

★擋合眉頭、眉峰、眉尾的特點，巧妙改變眉妝用品，呈現立體輪廓。

★梳理眉毛的環節不要忽視，可以避免散亂的毛髮導致描畫有誤。

## 1.用深淺眉粉與眉筆修飾輪廓

眉峰用深色眉粉，眉頭用淺色眉粉，用深淺色自然調整眉毛的寬度與高度，接著用眉筆填補毛髮稀疏處。

【秘訣】畫眉前要梳理眉形，避免被原先散亂的外形影響，畫出錯誤輪廓，並且刷除底妝多餘的蜜粉，能防止眉粉結塊。

## 2.眉頭用眉粉、眉尾用眉筆描畫

用淺色眉粉暈勻顏色，並填補眉頭，眉尾用眉筆沿毛髮走向描畫，再用染眉膏輕刷眉毛，提亮色澤並將毛髮梳理整齊。

## 3.梳理出弧度並用遮瑕膏提亮眉下打亮區

用螺旋眉刷將中部的眉毛略往上梳，使眉形顯得有弧度，最後用淺色遮瑕膏塗抹在眉峰下方的打亮區，拉寬眉眼間距。

適合日常，休閒場合，
清爽不散亂的粗眉好感度倍增！

# 解決常出現的問題
# 使畫眉妝更不易出錯

運用簡單技巧成功打造適合自己的精緻眉妝

**Q** **1.眉色過淡，怎樣能讓輪廓更分明，凸顯立體感？**
A.用眉筆強調眉下輪廓再填充顏色，使眉形更鮮明。

　　描畫顏色過於淺淡的眉毛時，通常為了強化眉色，會用眉筆描繪出
「同一濃度」的粗重眉，這樣反而會顯得雙眉過於濃重，看上去十分不
自然。正確的做法是，用眉筆勾勒眉形下部邊緣略外側的線條，加強眉
形下部輪廓的清晰度，再用眉粉填滿顏色。

**Q** **2.暈染眉色時一開始就畫深了，有快速補救的辦法**
**嗎？**
A.用棉花棒沿眉毛走向輕輕擦拭就可以輕鬆減淡描畫過深的
　眉色。

　　眉色畫太深厚，不需要卸掉重畫，用棉花棒以眉頭為起點，按眉
毛深淺變化的走向，輕輕擦拭調整就可以了，如果是眉毛邊緣的線條生
硬，也可以把棉花棒的頂端捏成尖角狀再擦拭，更精準。

**Q** **3.髮色淺，眉毛又黑又粗，如何諧調？**
A.充分刷上髮色接近的染髮膏使眉色看起來更自然。

　　髮色較淺，適合選擇與髮色接近且遮瑕力強的染眉膏，在塗抹時充
分而均勻地包裹眉毛，遮蓋原有眉色。

**Q** **4.眉部易出油，上色總不勻，易脫妝，如何使眉妝清爽並可以快速修補？**
A.在畫眉妝及脫妝後拭去多餘油脂，可以保持妝效不脫落。

　　油脂過多會造成眉筆勾畫不上顏色或出現凝結顆粒等問題，妝前塗抹的面霜過油或自身肌膚
油脂分泌旺盛都會導致上色不佳。畫眉妝前，先用濕棉花棒輕拭眉部去除油脂，畫好眉部後，用粉
撲沾取少量散粉輕壓眉周，抑制出油狀況。脫妝時不要直接描眉，先用吸油面紙輕壓眉毛吸拭浮出
的油分，再補上眉色。

## 基本工具
## 使化眉妝得心應手

打理自然飽滿眉形的
實用化妝品與工具

### 【眉粉】

**用法接近眼影粉，塑造一定粗度的自然眉色。**

眉粉和眼影粉的質地與用法差不多，塗抹時用眉刷直接沾取來暈染眉色。在眉頭至眉峰用深色、眉峰至眉尾用淺色，利用深、淺色調的搭配營造出自然立體雙眉，附有工具的眉粉組更便於隨身攜帶補妝用。

### 【染眉膏、眉膠】

**和睫毛膏用法相同，打造柔軟質感與柔和眉色，並用於定形、固色。**

染眉膏可以將眉毛打理得更加順暢，使眉色更柔和，呈現柔軟絨毛感；也可用於提刷下垂的眉尾。染色時，選擇與髮色接近的

染眉膏暈染雙眉，可以提亮眉色，使眉毛顯得更加柔和，同時具有定形作用。塗刷時可以先用眉筆填補毛髮稀疏的部位，再用染眉膏逆眉毛生長方向從根部刷充分；眉膠的超密纖維刷頭，能將眉毛裹滿色彩，使用自然淡薄的眉膠或透明眉膠，能賦予眉毛光澤度，同時定形，對於濃密的眉毛可單獨使用。

### 【眉筆】

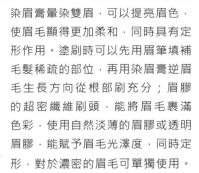

**用於填補稀疏眉毛並修飾出自然輪廓與眉色，一根根細碎描畫線條是要點。**

眉筆的顏色應比髮色略淺一些，常用的

為灰黑色、棕色，描眉時要小幅度細碎地移動筆尖，一根根描畫細細的線條，形成宛如自身眉毛般自然的毛束效果，並順眉毛的生長方向描畫。選擇帶有粉撲刷頭或螺旋刷頭的雙頭眉筆，更便於描繪出整潔的眉形。

### 【眉妝工具】

**打造自然眉形與眉色，工具的選擇十分重要，適宜的刷頭與好用的工具使畫眉更順手。**

修整眉形、描畫眉色，選擇便於操作的眉妝工具，可以使造型與暈染都得心應手，刷頭的設計要精巧、刷毛要軟硬適中，刷柄的長度與粗細也是影響難易度的重點，修眉工具也是必備用品，畫眉前修整出清晰自然的輪廓，才能使眉妝更整潔。

◎ 眉刷

不要用刷頭太粗或面積過大的眉刷，應選擇精巧的斜形刷頭設計、軟硬適中的柔軟刷毛，且毛尖聚集在一起，沾取眉粉後輕掃在眉部，可以輕鬆暈染出自然而精緻的眉部輪廓，另外，刷柄長一些的刷子，更容易掌握平衡感，其中螺旋形眉刷可以刷掉多餘的眉粉。

◎ 眉鑷、眉剪、眉刀

修眉時，用眉剪配合齒梳修剪長出輪廓外的長毛，稍翹的眉刀較安全、細緻地剪去雜毛；眉鑷用於拔除輪廓外的細小雜毛；眉刀要設計輕巧，易掌控，便於刮除多餘雜毛，使眉部輪廓更清爽。

# 眼妝的全基礎秘訣

讓雙眸水潤亮澤而富有層次

演繹立體感的透明眼妝

　　與自然妝容搭配，眼妝也要講究恰如其分，否則即使很搶眼，也會產生距離感，掌握適合自己眼形的畫法，巧妙運用細膩的線條、水潤的光澤與自然的層次感，讓雙眸大而明亮，有深度而不生硬是基本法則。

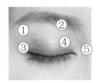

**【眼部基本名稱】**

①眉下
②眼窩
③眼尾
④雙眼皮
⑤眼角

# 眼妝的全基礎秘訣 046

# 點、線、面的融合
# 掌握眼影層次分布

上妝要點：眼影分布區域與顏色搭配

★ 即使只用一個顏色，借助層次的變化，就能簡單地完成適合所有眼形的眼影。

★ 選擇有光澤感的米色眼影，為眼部帶來明亮、滋潤的質感，消除暗沉。

## 【技巧1】 根據臉部骨骼結構來確認基本的眉形

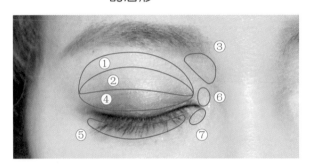

### ▌打光區域

①眉　　下：眼窩與眉毛下緣之間的部位，加入亮色提升立體感。

⑥眼　　角：靠近鼻樑的上下眼角銜接處，加入亮光提升潤澤效果。

⑦下眼角：在下眼瞼靠近眼角的部位，加入亮光色提亮，襯托出明亮的大眼睛。

### ▌眼影區域

②眼　　窩：上眼瞼眼球所在的凹陷部位，暈染淺色強調光澤感。

④眼　　皮：睜眼時上眼瞼形成的褶皺區域，塗抹的眼影色最深，強調眼部輪廓。

⑤眼　　下：下睫毛的下緣，用深淺色來自然暈染，強調出眼部深邃感。

### ▌陰影區域

③眉頭下：眉頭下靠近鼻梁的位置，以暗色強調輪廓。

## 【技巧2】 塗眼影的順序

在寬闊的部位塗淺色，後在狹窄部位用深色（像畫線般塗抹），基本上按淡色→深色→亮色的順序塗眼影。

## 【技巧3】 眼影色的選擇

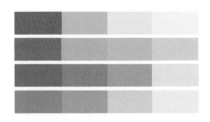

膚色暗沉不宜使用偏灰的冷色調，易讓眼部暗淡，適合淡黃色或淺茶色的眼影。對於初學者，使用同色系眼影，根據深淺色的塗抹部位，打造不同妝效，簡單易行。如粉色與紫色、棕色與米色、茶色與墨綠色等，上眼影前在手背上試調下顏色與用量，使著色更自然。

眼妝的
全基礎秘訣
**047**

# 用膏狀與液體眼影
# 帶來潤澤柔光質感

液體眼影

膏狀眼影　　　黃色系遮瑕霜

上妝要點：巧妙搭配膏狀眼影與液體眼影

★用指腹塗抹膏狀眼影與眼部更易服貼。

★選擇帶有細膩珠光的眼影增添光感。

★畫完眼影後要用棉花棒做調整，避免花妝。

## 1.用散粉與遮瑕霜打底
　　使眼影更好顯色

用指腹在上眼瞼點塗上黃色系的遮瑕霜或眼部專用底霜，輕抹均勻，使後續的眼影色更飽滿，粉底的油分易導致眼部花妝，用粉撲輕按散粉定妝。

【秘訣】無論用指腹或眼影刷塗抹，用量過多會顯得眼妝不自然，先在手背上調試用量，獲得更好的效果。

## 2.用指腹從眼瞼邊緣開始塗膏狀眼影

用指腹沾取淺色膏狀眼影，在手背調整用量後，從眼瞼的邊緣開始向眼窩塗抹，接著塗抹眉骨下側，用細膩珠光提升眼部立體感。

## 3.用眼影刷在下眼瞼加入亮光

用眼影刷沾取少量淺茶色液體眼影，塗抹靠近下眼角2／3部位，最後用棉花棒仔細修整塗抹不均勻的部位，使眼妝更整潔。

◆ 步驟細節：膏狀眼影讓眼瞼帶來柔潤光澤

膏狀眼影或液狀眼影，與粉狀眼影不同，滋潤的質地能和眼部肌膚緊密融合，並帶給眼瞼潤澤感，選擇淺色的膏狀眼影作為基礎色，米色、乳白色等有亮光效果的淺色眼影，可以令眼部暗沉一掃而光，單獨使用就能簡單打造自然眼妝。

眼妝的
全基礎秘訣
# 048

# 用膏狀與粉狀眼影
# 打造持久的立體眼妝

雙色眼影

珠光米
色膏狀
眼影

米白色液
體眼影

上妝要點：不同質地的眼影提升眼部層次感

★ 選擇淺色的膏狀眼影作為基礎色，再疊加塗抹粉狀眼影，由內散發出自然光澤，且將起到定妝作用。

★ 深色眼影部分要窄一些，要沿上睫毛邊緣呈線狀塗抹，顏色不要過濃重，否則反而會框住眼睛，顯得眼睛小。

★ 大面積塗抹時用刷子寬面，窄幅塗抹時用尖部，變換眼影刷的角度更順手。

## 1.上眼瞼暈開米色膏狀眼影打底

用指腹在整個上眼瞼大面積塗抹米色膏狀或液體眼影，薄薄地均勻暈開，用亮色消除眼瞼的暗沉，並強調出凹凸的立體輪廓。

## 2.用深淺眼影色與亮色營造出眼部立體感

雙眼皮部位用眼影棒塗淺茶色眼影，塗抹範圍以睜眼時露出眼影為准，並沿上睫毛邊緣窄幅塗深茶色眼影，接著沿深淺眼影交界處塗亮光效果的白色眼影，模糊界限。

## 3.用亮光色眼影提亮下眼瞼與眼角

從下眼瞼距離眼角5公釐處開始向眼尾塗淺茶色眼影，使眼睛看起來更大。眼角加入亮光色提亮，使雙眸更有神采。

◆ 步驟細節：內雙眼皮在下眼尾加入深色眼影

對於單眼皮或內雙眼皮，由於睜開眼睛時雙眼皮處的眼影會被隱藏起來，可以在下眼瞼的眼尾部位加入深色眼影，彌補上眼影的不足。

五色眼影

眼影棒

### 眼妝的全基礎秘訣 049

# 運用深淺雙色眼影強調自然漸層效果

上妝要點：深淺色自然帶過提升深邃感

★ 上眼瞼塗抹淺色眼影時，用指腹從眼瞼中部開始向左右抹開，使邊緣部位的顏色自然淡開，與周圍膚色融合。

★ 下眼瞼的眼影要自然淡開，用眼影棒的尖部沾取少量眼影，從眼角向眼尾畫線般窄窄地塗抹。

★ 眼窩中央部位用亮光色提亮，呈圓形塗抹可以強調凹凸立體感。

## 1. 在上下眼瞼用淺色眼影提升光澤質感

用指腹在上眼瞼大面積塗抹淺粉色眼影打底，下眼瞼用眼影刷沾取少量同色眼影窄幅塗抹，上下提亮消除眼周晦暗。

## 2. 用深色眼影強調出眼周的深邃效果

用眼影棒沾取深色眼影，沿上睫毛邊緣呈線條狀窄幅塗抹，範圍要小於雙眼皮，從眼尾塗抹

至眼角，顏色逐漸變淺，接著在靠近下眼尾1／3處加入深色眼影，強調深邃感。

## 3. 用亮色提升立體感並淡化邊緣

在眼窩中部薄薄塗抹亮色眼影，提升凹凸部位的立體輪廓，最後用指腹輕輕將上眼瞼邊緣的顏色自然淡開。

◆ 步驟細節：在眼尾的三角形區域加入深色眼影

用深色眼影塗抹在眼尾的三角區域，與眼角呈水平方向拉，將顏色直向延展，可以讓眼睛顯大，如果沿著下眼瞼的弧度塗抹眼影，會有框住眼部輪廓的感覺，會顯得不自然。

眼妝的
全基礎秘訣
**050**

# 強調下眼瞼的層次
# 用多色眼影增加深度

四色眼影

眼影刷

上妝要點：上下眼瞼的眼影搭配塑造緊緻輪廓

★ 選擇帶珠光的深淺茶色系眼影，柔和的顏色與膚色融合度較好，細微珠光可
　以爲眼部帶來水潤光澤。

★ 深下眼瞼用三色眼影加寬眼部橫幅，強調深度，上眼瞼結合凹凸輪廓用三色
　眼影強調出自然陰影。

★ 大上眼尾用深色重複暈染，可以塑造出眼部立體感。

## 1.在上眼瞼塗抹淺茶色珠光眼影打底

用大號眼影刷沾取淺茶色眼影，在手背調整
用量後塗抹整個上眼瞼，眼瞼邊緣自然淡
開，自然地與周圍膚色融合。

## 2.下眼瞼用濃淡層次感橫向加寬

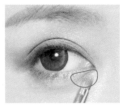

從距眼角3公釐開
始，向眼尾暈染淺茶
色眼影，接著用細眼
影棒沾取深茶色眼影
塗抹眼尾1／3部分，
眼角1／3部分塗抹具

有亮光效果的米白色眼影。

## 3.上眼瞼用淺色與深色收緊輪廓

用中號眼影刷從眼
角開始，向眼窩中
上部塗抹米白色眼
影，提升透明感。

雙眼皮塗抹深茶色
眼影，眼尾1／3著
重暈染，加深陰影
效果，收緊輪廓。

◆ 步驟細節：塗深色眼影要像畫眼線一樣收
　緊輪廓

選擇接近眼線濃度的深色眼影，可以
更有效地收緊眼部輪廓，但塗抹面積
不要太大，像描畫眼線一樣小幅度塗
開即可，在眼尾處要自然淡開。

眼妝的
全基礎秘訣
**051**

# 用濃淡漸層眼影
# 塑造光影交錯的眼妝

五色眼影

眼影棒

上妝要點：光與影的巧妙結合提升骨感美

★ 選澤濃淡四色眼影，結合眼部凹凸結構添加在各個部位，借助光與影的對比效果，可以提升深邃感。

★ 在上眼瞼大面積地塗抹淺色、小幅度地塗抹深色後，要用中間色在深淺色中部進行過渡，打造出自然漸層效果。

★ 在眼角適當添加亮色，可以輕鬆提升透明度，不可忽視！

## 1.眼影的深淺分布提升眼部立體輪廓

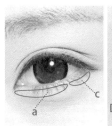 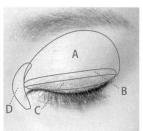

上眼瞼與下眼角2／3處（a）加入亮色，沿上睫毛與下眼尾1／3部位（c）小幅度塗抹偏深的收斂色，雙眼皮處（A）用偏淺的中間色帶過，眼角（D）暈染亮光色提升透明度。

## 2.深淺色眼影在上眼瞼營造光影效果

用眼影刷在上眼瞼塗抹珠光淺粉色眼影打底，沿上睫毛根部呈線條狀描畫深咖啡色眼影收緊輪廓，用淺咖啡色眼影重疊塗抹雙眼皮部位，使深淺色眼影自然融合。

## 3.下眼尾用陰影色收緊輪廓

在下眼瞼靠近眼尾1／3部分窄幅塗抹上深咖啡色眼影，於眼尾用陰影色強調出深度，使眼妝更顯立體。

◆ 步驟細節：用米色的亮色眼影提升透明感

沿眉頭下方的鼻側輪廓，包圍眼角暈染亮色眼影，並與眉尾下方的上眼瞼部位用珠光米色眼影將光線集中，用柔和光澤提升眼部透明感，襯托出明亮的雙眸。

眼妝的
全基礎秘訣
**052**

# 同色系的慕斯眼影
# 疊層暈染提升光澤

慕斯眼影筆

慕斯眼影

上妝要點：層疊暈染慕斯眼影為眼部帶來光澤

★ 慕斯眼影薄薄暈染一層就能帶給眼部光澤質感，可以用同色系的深淺色層疊塗抹，提升層次感。

★ 選擇與膚色融合度較好的棕色，用指腹以拍按的方式塗抹，可提升慕斯眼影的顯色度，使色澤更飽滿。

★ 眼窩中央的提亮範圍不要超過眼珠，否則會顯得眼睛腫腫的。

## 1.用深淺慕斯眼影重疊塗抹眼窩打底

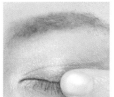

用指腹在眼窩處塗抹淺棕色眼影，接著用深一號的棕色眼影重疊塗抹眼窩，用指腹輕輕拍按推開，使眼影與肌膚更貼合。

【秘訣】用同色系的慕斯眼影層疊塗抹上眼瞼，可以營造出眼影的層次感，使眼部輪廓更加立體。

## 2.成線條狀描畫眼影並暈染出層次

用眼影棒尖端沾取深棕色眼影，沿上睫毛根部從眼部中央描畫至眼尾，再用眼影棒側面由後向前塗抹雙眼皮部分，暈染出層次感。

## 3.用深色眼影描畫眼線收緊輪廓

用細眼影刷像畫眼線一樣沿上睫毛根部描畫線條，最後用亮色眼影輕輕拍按在眼窩中部，不要超過黑眼珠的範圍，提升眼部立體輪廓。

◆ 步驟細節：減小下眼影的塗抹範圍使眼妝輕薄

在上眼瞼塗淺色眼影，如果不畫下眼影，眼睛會顯得沒有精神，但為了避免下眼影讓妝感濃，可以在下眼角加入亮色，以減少下眼影的範圍。

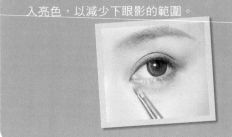

# 筆狀、液狀、膏狀
# 選擇適合妝容的眼線筆

上妝要點：各類眼線筆的特點與基本使用

★ 挑選眼線筆的首要原則是使用方便順手，配合描畫技巧，打造自然效果。

★ 不同種類的眼線筆，描畫技法也有所不同，要根據希望打造的眼妝特點來
選擇。

| 眼線筆的種類 | 特點 | 使用部位 | 選擇要點 |
|---|---|---|---|
| 眼線筆<br>（打造自然眼線） | 描畫簡單，能貼近睫毛根部勾畫內眼線或作眼影暈染，易修正<br>（鉛筆式黑色眼線筆）<br>（鉛筆式棕色軟芯眼線筆）<br>（旋轉式雙頭眼線筆）<br> | 用於描畫自然的內眼線與下眼線，也可以作為眼線打底<br><br>【延展性】<br>★★★☆☆ | 筆芯太硬不易上色，軟芯質地較易順暢勾勒出線條<br><br>【線條感】<br>★★☆☆☆ |
| 眼線液<br>（打造纖細眼線） | 尖筆頭適合勾勒纖細眼線，線條感較明顯，不容易修改，適合有一定基礎者使用<br>（筆式眼線液）<br>（沾取式眼線液） | 分部位逐步勾畫或局部用於眼尾，避免描畫不平滑<br><br>【延展性】<br>★★☆☆☆ | 初學者選擇筆頭稍硬一些的，便於描畫出直順眼線<br><br>【線條感】<br>★★★★☆ |
| 眼線膏<br>（打造暈染眼線） | 配合眼線刷可以描出纖細或者略粗的眼線，呈現清晰色澤，線條柔和且不易脫妝<br>（扁平頭眼線刷）<br>（深茶色眼線膏） | 配合眼影棒做出暈染效果，也適合用於拉長眼尾<br><br>【延展性】<br>★★★★☆ | 選擇細刷頭來描畫纖細眼線，質地潤澤一些的更易暈開<br><br>【線條感】<br>★★★☆☆ |

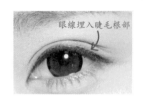

眼線埋入睫毛根部

## 眼妝的全基礎秘訣 054

# 用眼線筆修飾輪廓
# 描畫埋入式隱形眼線

上妝要點：與睫毛融爲一體的基礎眼線描畫法

★「細細地左右小幅度移動筆尖來塡補睫毛的間隙」是描畫精緻眼線的基本原則。

★用黑色眼線筆描畫眼線，如果手法不熟練就容易線條顯得生硬，可以用棕色系或灰色眼線筆提升自然色澤，並在描好線條後用棉花棒輕輕將眼線暈淡一些，使眼線更顯柔和。

★對於初學者，從眼尾開始向黑眼珠方向描畫眼線不容易出錯。

★描完眼線後要仔細確認睫毛根部的間隙是否都塡滿，眼線要沿睫毛根部形成順滑的線條，不能露出泛白的肌膚或在睫毛上側描畫。

---

### 眼線的正確描畫

## 【技巧1】正確姿勢

描畫眼線時，將鏡子置於下方，用手輕提上眼瞼，更容易使睫毛根部充分顯露出來，筆尖能準確地沿睫毛根部描畫，塡補空隙。

## 【技巧2】手部協調配合

用手指輕拉眼瞼，使描畫部位更好地顯露出來，並隨著位置的變動，調整拉動方向，描眼線會更加順手。

---

◆ 步驟細節：用眼線筆自然銜接眼尾的眼線

眼尾部位銜接上、下眼線，不要描畫過於清晰的線條，容易花妝而顯髒，用筆尖小幅度自然銜接即可。下眼線用筆尖塡補睫毛間隙，用埋入手法打造自然效果。

## 1. 從中部向眼尾左右來回移動小幅度描畫

用手指輕提上眼瞼，使睫毛根部露出，用眼線筆從眼部中央開始，沿睫毛根部左右來回細碎地移動筆尖描畫至眼尾。

## 2. 細細地描畫眼部中央至眼角的眼線並暈勻線條

用眼線筆從眼部中央向眼角小心地移動筆尖描畫線條，眼角處的眼線不要描得過粗，接著再從眼角沿描好的線條描回至中部，用棉花棒輕輕暈染眼線的外緣，使線條更均勻、平滑。

## 3. 充分填補上睫毛間隙，下眼線保持自然感

用眼線筆從眼尾開始向眼部中央，細碎地移動筆尖填補睫毛間隙的露白部位，配合手指提拉更便於描畫。

描畫自然眼妝時可以不勾勒下眼線，想要強調輪廓時，只用筆尖稍稍填補一下靠近眼尾的睫毛間隙，打造出自然睫毛效果即可。

## 4. 用棉花棒至暈染眼線上緣調整線條的均勻度

描畫完，用棉花棒仔細調整描畫得不平整的地方，橫向移動棉花棒，沿眼線的上緣修飾線條，不要來回塗抹，否則容易造成花妝。

精緻眼線自然修飾眼形

眼妝的
全基礎秘訣
**055**

# 用眼線液勾畫線條
# 打造上揚的清晰眼線

上：沾取式眼線液
下：鉛筆式眼線液

上妝要點：液體質地為眼部帶來光澤與深邃感

★ 用眼線液描畫眼線，出現問題立即修改，先用鉛筆式眼線筆打底，只需再重疊描畫中部至眼尾部分，可以避免描錯，還能防止脫妝。

★ 初學者可以先在確定的眼尾部位描畫一小段眼線，再沿睫毛根部從眼角向眼尾描畫線條並進行銜接。

★ 眼尾部位容易花妝，選擇速乾型的眼線液可以有效避免脫妝。

## 1. 從眼部中央向眼尾以眼線液描畫線條

用手指輕輕拉起上眼瞼，沿睫毛根部用眼線液從眼角向眼尾一筆描畫直順線條，眼尾不要順眼形下拉，而是向上下眼瞼延長線的交叉點稍微拉長描畫。

【秘訣】眼尾一般可以拉長3～5公釐，並逐漸收力使眼線自然收細，展現眼部魅力。

## 2. 仔細描畫眼尾部分的眼線輪廓

從描畫的眼尾末端，向下眼尾方向折回描畫線條，形成一個小三角形區域，接著用眼線液的尖端仔細填補上小三角形中的空隙。

## 3. 用深淺慕斯眼影重疊塗抹眼窩打底

待眼線液略乾一些時，用棉花棒尖端輕輕地擦拭眼尾處的眼線上方，修飾不平整的細節，使線條更加順滑。

◆ 步驟細節：減小下眼影的塗抹範圍使眼妝更輕薄

如果筆尖上的眼線液沾取過多，畫出來的線條就不容易均勻而纖細，且會結塊脫妝，所以描畫前應將筆頭在紙巾上輕拭一下調整用量。

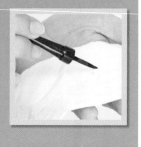

# 細膩的膏狀質地
# 提升眼線的融合度

眼線膏

平頭眼線刷

上妝要點：用眼線刷簡單描畫棕色眼線膏

★ 眼線膏具有「融合」與「埋入」的特點，配合眼線刷可以描畫出有微微渲染感
的線條。用平頭眼線刷可以簡單調整線條的粗細，想要打造纖細效果，就要
使用細俐的筆頭。

★ 先用眼線膏打底，再用眼線液重疊描畫，可以提升光澤感，使線條更細緻。

★ 描畫眼尾的眼線，長度最好超出眼尾一點，顯得更有魅力。

★ 在眼角至眼部中央的眼線不要過寬，容易使雙眼皮顯小，看起來也不自然。

## 1.在手背調整眼線膏的用量再描畫

用眼線刷沾取眼線膏後先在手背上調整用
量，去除刷頭多餘的膏體，選擇平頭眼線刷
與棕色眼線膏來打造自然效果。

◆ 步驟細節：眼角與眼尾的線條要調整自然

描畫眼線時，不要從眼角下筆，容易一
開始就塗厚重，正確做法是先從眼珠外
側描至眼尾，再補畫眼角部位的眼線。
眼尾上揚的高度不要過大，順著眼尾的
弧度微微上揚才會顯得自然。

## 2.從眼角開始描畫出眼尾微微上揚
## 的線條

離開眼角一段距離再開始向眼尾描畫眼
線，補足眼角部位的線條，如此可以避免
眼角塗抹厚重，眼尾微微上揚，但上揚角
度不要離眼尾太遠，沿眼尾邊緣的弧度微
微上揚描長3公釐，接著填補眼尾下方露出
的空隙。

**眼妝的全基礎秘訣 057**

# 眼線粉、眼線筆、眼線膏塑造柔潤自然眼線

眼線膏、眼線粉組合

上妝要點：搭配不同質地提升柔和、服貼效果

★眼線粉描畫的線條要像眼影有暈染的效果，但由於線條感不強，色彩效果不明顯，搭配眼線筆與眼線膏可以強調出眼部輪廓。

★淚眼適用眼線液定妝，可以提升眼線的持妝性。

### 1. 用棉花棒描畫眼影粉後用眼線筆填補間隙

用細頭的棉花棒沾取眼線粉，從眼角向眼尾沿睫毛根部小幅度移動描畫眼線，接著用與眼線粉同色的眼線筆填補睫毛間隙。

【秘訣】選擇尖頭的棉花棒，或用手將棉花棒捏細，更便於充分描畫睫毛根部。

### 2. 上下眼線用眼影粉自然銜接

用眼線筆描畫眼尾1／3部位的眼線，自然描畫，線條感不要過於明顯，再用棉花棒沾取少量眼影粉銜接上下眼尾的眼線，淡開顏色，不要用重色框住眼睛。

### 3. 沿上睫毛根部疊層描畫眼影膏

用眼線刷沾取同色眼線膏沿上睫毛根部重疊描畫，眼尾處順眼形自然收細線條。

◆ 步驟細節：用棉花棒描眼線簡單打造自然效果

不擅長描畫眼線的話，用軟芯眼線筆充分塗抹棉花棒，再用著色的棉花棒沿睫毛根部仔細描畫上顏色，比起用眼線筆直接畫，用棉花棒更可以使眼線看起來柔和。

## 眼妝的全基礎秘訣 058

# 根據理想妝效
# 選擇適合的睫毛膏類型

上妝要點：各類睫毛膏的刷頭特點與基本用法

★睫毛膏刷頭的彎曲度、粗細、刷毛密度決定了塗抹的效果，根據希望打造的眼妝效果，使用不同的刷頭是正解。

| 類型 | 基本外型 |
|---|---|
| 長直形刷頭<br>（塑造濃密纖長睫毛）<br> | 常見的長直型螺旋刷頭，能將纖維均勻附著在睫毛上，刷毛間距越寬，越濃密，間距越窄，越纖長 |
| 方型刷頭<br>（讓睫毛呈放射狀散開）<br> | 方形刷頭可以將中部睫毛拉長，眼角與眼尾睫毛變濃密，使睫毛呈放射狀上翹，較適合東方人 |
| 彎月形刷頭<br>（卷翹度更持久） | 有弧度的刷頭適合打理較平直的睫毛，與睫毛的弧度較為服貼，從眼角、中部到眼尾，刷出根根卷翹的效果 |
| 齒型刷頭<br>（讓睫毛粗密、根根分明） | 齒型梳設計，輕鬆讓睫毛變粗密、根根分明，齒距越密，睫毛越根根分明，但沒有明顯的塑形效果 |
| 多功能刷頭<br>（快速修飾短小睫毛）<br>  | 纖維型刷頭適合用於較短且稀疏的睫毛，自動旋轉式刷頭能快速包覆每根睫毛，均勻上色，簡易完妝 |
| 細小刷頭<br>（下睫毛也容易把握） | 刷毛間距越大的細小刷頭，越容易把握細節的著色，還能避免擴增到眼皮上，特別適合刷細小的下睫毛 |

◆ 步驟細節：了解睫毛膏的成分打造出卷翹或纖長感

睫毛膏中膠、蠟、纖維質等成分決定著塑形效果，膠的比例多可以提升濃密度，蠟能加強卷翹度。稀疏睫毛適合選擇蠟成分多的睫毛膏加粗加密，而短小睫毛應選擇成分中添加纖維，減少膠、蠟比例的增長型睫毛膏。

刷頭的彎度、粗細度、刷毛間距，也是選擇適合自己睫毛膏的關鍵，如彎月形刷頭一次能刷到更多睫毛，細小刷頭適宜刷下睫毛，並通過變換刷頭角度，加強效果。

**電燙睫毛夾**

**睫毛夾**

**眼妝的全基礎秘訣**
**059**

# 夾卷又不傷到睫毛
# 用睫毛夾提升卷翹度

上妝要點：用正確的手法打理卷翹睫毛

★ 用睫毛夾從根部夾起睫毛，不要太用力，利用彈性膠墊讓睫毛呈彎曲狀態。

★ 用睫毛夾向上夾會使睫毛呈直角翻起，顯得不自然，按根部→中部→梢部的順序小幅度移動睫毛夾來夾彎睫毛。

★ 根據眼窩弧度選擇適宜弧度與幅寬適合的睫毛夾，避免夾到中間、夾不到兩邊，深眼窩用弧度大的睫毛夾；平眼窩用弧度小的睫毛夾。

**局部睫毛夾**

## 1.睫毛夾從根部將睫毛輕輕夾起

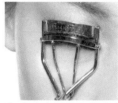

將睫毛夾輕按在眼皮部位，從根部輕輕夾起睫毛，輕抬手腕，小幅度移動睫毛夾逐漸夾至睫毛梢，接著分別靠近眼角、眼尾夾彎兩側的睫毛。

## 2.使用局部睫毛夾夾彎眼角與眼尾的睫毛

眼角與眼尾處較短小的睫毛，用局部睫毛夾加強，從根部輕輕夾起，小距離移動將睫毛夾彎曲。

## 3.用電燙睫毛夾充分展開上下睫毛

用電燙睫毛夾從上睫毛下方、下睫毛上方放在睫毛根部，保持3秒，逐步向睫毛梢移動，彎曲睫毛。

◆ 步驟細節：用手指輕輕調整睫毛呈自然的扇形

用睫毛夾將睫毛夾彎曲後，用手指輕輕從睫毛下方上抬睫毛，將睫毛的弧度調整均勻，並左右輕揉，使睫毛展開，打理出漂亮的扇形。

### 眼妝的全基礎秘訣 060

# 刷到細小的睫毛
# 使眼角與眼尾變卷翹

非對稱刷頭睫毛膏

上妝要點：加強眼角、眼尾與下睫毛的卷翹度

★ 加強眼角與眼尾的纖長度才能使睫毛呈現放射狀美感，使用局部睫毛夾並豎著用睫毛膏刷頭使細小睫毛也都能上翹。

★ 下睫毛過於稀疏的話就不塗睫毛膏，偏短的下睫毛先用睫毛底膏增加纖長度。

## 1.用睫毛夾夾卷中部、眼角與眼尾

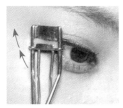

先用睫毛夾輕按在眼皮部位，逐步向梢部移動夾卷睫毛，接著用局部睫毛夾分別夾靠近眼角、眼尾的睫毛，力度要適中，避免兩側的睫毛卷翹度不一致。

## 2.用睫毛膏強調眼角與眼尾的卷翹度

沿睫毛的弧度先橫向輕刷睫毛膏，接著縱向使用刷頭，從根部向上刷眼角與眼尾部位的睫毛，使兩側短小的睫毛也向上卷翹。

## 3.下睫毛豎用刷頭加強眼角與眼尾

下睫毛用刷頭縱向下拉，刷眼角與眼尾處時，用手輕提上眼皮，使上下睫毛分開來就能輕鬆刷到細節。

## 4.用電燙睫毛夾加強眼角與眼尾

最後用電燙睫毛夾快速向上電卷一下眼角與眼尾部分的睫毛，加強卷翹效果，使睫毛不容易塌落下來。

◆ 步驟細節：用電燙睫毛夾打理細小下睫毛更有效

細小的下睫毛用睫毛夾不容易夾彎，改用電燙睫毛夾向下卷燙會輕鬆許多，之後再用睫毛膏先縱向、再橫向仔細刷出纖長感。

# 纖長、卷翹、濃密
# 塑造持久的扇形睫毛

**兩用睫毛梳**

上妝要點：刷出漂亮睫毛步驟解析與成功秘訣

★ 將睫毛分成左中右三個部分，分別按不同方向來塗刷，可以使睫毛呈放射狀舒展開，提升大眼效果。

★ 先塗睫毛底膏是加強濃密度的必要環節，但用量要根據睫毛狀況來調整，容易塌落的睫毛，只塗抹中部至梢部。

★ 橫向使用睫毛膏向上帶睫毛，縱向用刷頭加固根部與拉長，塗抹時改變刷頭的使用方向，使效果更完美。

★ 睫毛膏的用量過多是導致睫毛黏結的原因，隨時用睫毛梳調整外，塗抹前應在瓶口先拭去多餘膏體。

**透明睫毛底膏**

## 1.上睫毛分成三部分打理出扇形

睫毛不僅要上翹，還要呈放射狀舒展開才顯得眼睛大。夾睫毛和塗睫毛膏時，按中部、眼角部位、眼尾部位元三部分來調整。

**方形睫毛膏**

## 2.刷睫毛膏前做好必要的打底工作

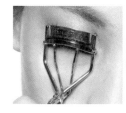

夾卷睫毛並梳理通順，接著用睫毛底膏從睫毛根部向梢部塗刷，下睫毛也同樣刷上一層，為塑造濃密效果打好基礎。

## 3.根據睫毛的三個部分按不同方向塗刷

將睫毛膏在紙巾上輕拭多餘膏體，從睫毛根部開始，按睫毛的三個部分，眼部中央向前刷，眼尾向太陽穴刷，眼角向眉頭刷，使睫毛呈放射狀卷翹，最後用睫毛梳整理糾結處，使睫毛根根分明。

加強卷翹又纖長的效果

★搭配使用卷翹型與纖長型睫毛膏。

★縱向使用纖長型睫毛膏拉長睫毛。

## 縱向用纖長型睫毛膏將每根睫毛拉長

先刷一層卷翹型睫毛膏，再用纖長型睫毛膏縱向拉長每一根睫毛，打造出濃密而纖長的效果，最後用睫毛梳將黏結的睫毛疏開。

使平直的睫毛更顯卷翹

★以邊輕壓邊向上帶的手法刷卷翹。

★從睫毛根部塗刷支撐住易下塌的睫毛。

## 用卷翹型睫毛膏先打基底再輕壓塗刷

睫毛容易塌下來的話，在塗睫毛膏前先用刷頭沿睫毛根部縱向刷，將睫毛撐住，接著邊刷邊輕壓至梢部，塗睫毛膏後，再向上輕壓睫毛片刻。

使短小的睫毛變得纖長

★睫毛底膏只需要塗抹在睫毛梢。

★避免用濃密型睫毛膏，且不要呈「Z」形塗抹，會破壞纖長感。

## 用睫毛底膏與睫毛膏使睫毛變纖長

短小的睫毛塗睫毛底膏可以提升纖長感，但不要從根部塗，容易導致睫毛下塌，只須要塗在睫毛梢即可，使用睫毛膏時不要呈「Z」形塗，會破壞梢部的纖長效果。

用下睫毛強調眼部的縱幅

★一根一根地仔細將下睫毛刷纖長。

★選擇細一些的刷頭避免塗花妝。

## 先縱向再橫向刷下睫毛加強上下寬度

縱向用刷頭從下睫毛中部向睫毛梢左右刷，再橫向邊輕輕下壓睫毛邊從根部刷至末端。

**眼妝的全基礎秘訣 062**

# 用下睫毛提升縱幅
# 細小下睫毛也卷翹

上妝要點：用睫毛膏一根根刷短細的下睫毛

★ 細短的下睫毛，較難刷翹，使用睫毛底膏與電燙睫毛夾後再刷睫毛膏，可以提升下翹的效果。

★ 選擇刷頭細的睫毛膏縱向刷，更容易一根一根著色。

左：細頭睫毛膏
右：透明睫毛底膏

## 1. 確定睫毛的長度並從毛梢長的一側修剪

如果下睫毛比較短，可以先用透明睫毛底膏輕帶一下毛束，讓纖維包裹住下睫毛，接著用電燙睫毛夾把下睫毛向下卷燙，為後續刷睫毛膏打下基礎。

【秘訣】塗透明睫毛底膏時不要過量，輕帶幾下睫毛即可，避免後續塗抹睫毛膏時，導致睫毛糾在一起。

## 2. 縱向使用細的睫毛刷頭一根一根地刷

用細小刷頭一根根縱向刷下睫毛，在梢部輕輕拉長，眼角與眼尾的短小睫毛用刷頭仔細刷，可以用另一隻手輕提上眼瞼，分開上下睫毛，更便於操作。

## 3. 調整下睫毛的卷翹度與通順感

用睫毛刷橫向從下睫毛的根部向睫毛梢刷開，用刷頭輕壓睫毛使毛束下翹，並增加下睫毛的份量感。

刷上睫毛膏後，用睫毛鋼梳輕刷下睫毛，疏通糾結的髮束，移動鋼梳將眼角與眼尾的細小髮束也梳理通順。

◆ 步驟細節：用尖頭棉花棒修補沾染睫毛膏的部位

睫毛膏沾到眼周肌膚，用尖頭棉花棒沾取少量粉底液或遮瑕膏，輕抹在需要遮蓋的地方並暈開，就可以快速修補。

眼妝的
全基礎秘訣
**063**

# 根據展現的效果
# 選擇適合妝容的假睫毛

假睫毛佩戴鑷

上妝要點：假睫毛的使用特點與黏貼效果

★ 佩戴假睫毛前先將自身睫毛梳理通順，黏貼後沿睫毛根部
描畫眼線可以自然遮蓋住梗部的痕跡，效果更自然。

| 類型 | | 配佩特點 |
|---|---|---|
| 自然單束假睫毛<br>（適合打造日常妝容） |  | 梗部較柔軟的單束假睫毛，佩戴簡單，成妝效果十分自然，中部纖長、兩端等長，凸顯大而圓的立體輪廓 |
| 濃密單束假睫毛<br>（適合略濃的妝容） |  | 逐漸層長的濃密型假睫毛，長的一端貼在眼尾處，短的一端貼在眼角處，拉長眼形，適合圓形眼使用 |
| 交叉型假睫毛<br>（使眼部輪廓更加清晰） |  | 靠近梗部毛束較濃密，前端纖長的假睫毛類型，可以塑造出清晰的眼部輪廓，適合長形眼使用 |
| 濃密交叉型假睫毛<br>（適合略濃的妝容） |  | 有重量感的毛束，使睫毛顯得長而濃密，前段纖長，佩戴後不會顯得過於誇張，輕鬆塑造大眼妝容 |
| 自然無痕假睫毛<br>（適合打造日常妝容） |  | 適合初學者使用，透明的梗部設計使佩戴效果自然、黏貼處不留痕跡，用於打造日常的自然妝容 |
| 局部假睫毛<br>（強調局部睫毛的濃密度） |  | 強調眼部中央或眼尾部位的睫毛密度，也可用完整假睫毛剪成小段使用，用於打造略濃厚的眼妝 |
| 單株假睫毛<br>（增加局部濃密度與纖長感） |  | 在黏貼完整假睫毛後貼幾株，填補睫毛稀疏部位，用於眼尾可拉長眼形，用於下睫毛時應選擇透明梗 |
| 自然單束下假睫毛<br>（塑造根根分明的效果） | | 用於提升下睫毛的濃密、纖長感，自然的毛束呈現根根分明的效果，適合提升眼部的縱向幅度，打造大眼妝 |

### 眼妝的全基礎秘訣 064 無痕假睫毛 打造自然長睫毛

上妝要點：適合初學者的假睫毛黏貼技巧

★ 黏貼假睫毛時要距離眼角2～5公釐處開始貼，眼尾部位可以隨眼形略向外延長一些，提升拉長眼形的效果。

★ 真假睫毛的角度要調整得自然融合，避免出現上下分層的狀態。

## 1. 確定假睫毛的長度並從毛梢長的一側修剪

空出2～5公釐

沿眼形從距離眼角2～5公釐處開始至眼尾，避開眼角不貼，確定假睫毛的長度，接著從毛梢較長的一側根部修剪成量好的長度。

【秘訣】睫毛膠塗抹過量時，在手背上輕拭多餘的膠再黏貼。也可選擇附膠條的假睫毛。

## 2. 調整彎曲度使梗部柔軟後再塗膠水

從假睫毛梗部輕彎幾下使假睫毛變柔軟，並增加其彎度，與眼瞼的弧度更貼合，接著沿假睫毛梗部塗睫毛膠，等膠水快變透明時再黏貼，黏合度更好。

## 3. 貼假睫毛前將睫毛夾出卷翹弧度

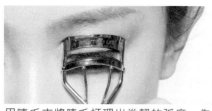

用睫毛夾將睫毛打理出卷翹的弧度，為後續黏貼假睫毛做準備，使真假睫毛的角度好好地吻合。

## 4. 用纖長睫毛膏快速塗抹一下睫毛

用纖維型的纖長睫毛膏快速地塗刷一下睫毛，塗薄薄一層即可，避免貼假睫毛後顯得不自然。

◆ 步驟細節：用睫毛鋼梳將假睫毛的毛束梳理整齊

假睫毛的細軟毛束易糾結，影響效果，黏貼前最好先用小鋼梳從假睫毛的梗部向毛梢輕輕梳理，將毛束整理通順。

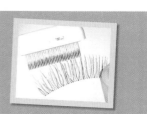

## 5.黏貼假睫毛並和自身睫毛調整融合

從眼尾向眼角黏貼，起始端不要超出眼尾部分，用鑷子夾住假睫毛的一端，邊調整位置邊貼合於睫毛根部。

趁膠水未乾，用指腹輕輕地捏住靠近眼尾部位的真假睫毛，保持10秒鐘，使真假睫毛融合在一起。

## 6.輕壓睫毛增加緊實度並修飾邊緣

用手指輕壓假睫毛幾秒鐘，使睫毛貼得更緊實，接著用眼線液描畫未貼假睫毛的眼角部位，銜接根部的交界處，最後用電熱睫毛夾上卷睫毛。

---

**眼妝的
全基礎秘訣
065**

# 黏貼眼尾局部假睫毛
# 塑造纖長眼形

上妝要點：用局部假睫毛簡單提升眼部華美感

★只黏眼尾部位修飾眼形，或用單束假睫毛填補在睫毛較稀疏的部位，比貼完整假睫毛操作起來更簡單一些，適合初學者。

---

## 1.用棉花棒一點一點在假睫毛梗部塗黏著劑

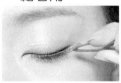 

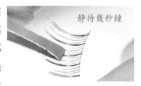
静待幾秒鐘

將完整假睫毛放於眼部確認長度、位置與角度，避免出錯，接著將假睫毛剪成原長的1／3，用棉花棒沾取適量睫毛膠，一點點塗在假睫毛的梗部並薄薄塗開，等待幾秒鐘，在膠水半乾狀態下黏貼。

## 2.貼上假睫毛並用手指迅速調整好角度

從靠近眼尾部位開始，向眼部中央黏貼上假睫毛，從自身睫毛上方黏貼，在睫毛膠乾燥前快速用手指調整角度，使假睫毛與自身睫毛的角度一致。

眼妝的
全基礎秘訣
**066**

# 粉色系與深色系的搭配
# 打造甜美感十足的眼妝

上妝要點：粉紅色與深色系的搭配

★ 粉紅色作為主色調可以塗抹的範圍大一些，但為了避免顯得眼腫，在邊緣用
棕色、咖啡色、灰色等收縮色強調出緊緻輪廓。

★ 用偏冷色調的灰色打底，可以中和粉紅色調，眼睛看起來就不會腫腫的了。

## 1. 眼窩塗抹淺色眼影打底

用帶有灰色調的淺色膏狀眼影暈染眼窩部分，範圍不要超過眼窩凹陷處，提升上眼瞼的光澤感。

## 2. 用淺棕色暈染雙眼皮，深棕色畫眼線，收緊眼部輪廓

用棉花棒沾取淺棕色眼影暈染雙眼皮部分，寬度不要超過雙眼皮，接著用深棕色眼影沿上睫毛根部描畫，代替眼線填滿睫毛間隙。

## 3. 寬於雙眼皮部分塗抹粉紅色眼影

將粉紅色眼影沿睫毛根部從眼角向眼尾塗開，並向上暈染至雙眼皮外側，以睜開眼時能看到顏色為準。

## 4. 用粉紅色暈染下眼影，讓粉紅色下眼影與上眼瞼相呼應

將從黑眼珠外側向眼尾塗抹粉紅色眼影，靠近眼尾處重疊塗抹淺棕色眼影達到收縮效果。

## 5. 用亮色與深色強調立體輪廓，提升眼部潤澤立體感

將亮色添加在眼窩中央，並用棕色眼線膏重疊描畫睫毛根部。

◆ 秘訣066眼影塗抹區域分布

a：用亮光色打底。
b、e：加入淺色。
c：用深色營造漸層效果。
d：局部添加亮色。

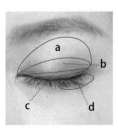

◇彩妝部分

遮瑕：先用眼部遮瑕霜塗在上眼瞼並輕輕推抹開，提亮
　　　眼周，使後續眼妝顯色。

唇妝：用淡粉色唇彩與粉紅色眼妝呼應。

適合約會、聚會場合，
粉紅色與棕色是呈現甜美感的基本搭配！

眼妝的
全基礎秘訣
**067**

# 雙色眼影與眼線膏
# 塑造優雅的茶色眼妝

上妝要點：用冷色調為妝容注入個性氣質

★ 像自然陰影一樣在上眼瞼營造出淡淡的層次感，用灰色收輪廓，自然為眼睛
　帶來深邃感。

★ 眼角呈小「＜」形加入亮光，範圍要恰到好處，可在下眼角多加一些，下眼
　尾的閃亮元素同樣不能缺少，用細頭眼影棒小面積添加是重點，否則會顯得
　眼袋腫。

★ 選擇與深茶色眼影融合的深灰色膏狀眼影，自然的色澤與線條感可以避免過
　於強調眼部輪廓反而將眼部框住，顯得生硬。

## 1. 用淺茶色與灰色作為基底色，以眼影刷將深淺色自然融合

先用亮色系的淺茶色眼影塗抹眼窩打底，在雙眼皮部位暈染灰色眼影，範圍同雙眼皮寬度。

用眼影刷沾取少量茶色眼影，從眼角向眼尾重疊塗抹在銀色眼影部位，使深淺眼影自然融合在一起。

## 2. 眼角與下眼尾用亮色作局部提亮

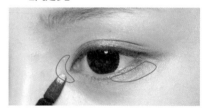

用明亮的亮彩眼影銜接上下眼角，並在下眼瞼的眼尾1／2部分窄幅塗抹，增強透明度。

## 3. 用深灰色眼線膏描畫自然眼線

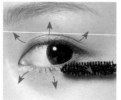

離眼角2公釐開始，沿睫毛根部描畫深灰色眼線膏，眼尾不要上揚拉長，從眼珠上方至眼尾的線條略為加粗一些，接著用睫毛膏塗抹上睫毛。

## 4. 佩戴局部纖長假睫毛，強調眼尾提升魅力

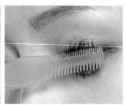

靠近眼尾處黏貼上局部纖長假睫毛，並用睫毛梳將糾結處整理通順。

◆ 秘訣067眼影分布區域

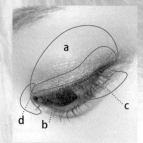

a：用淺色打底。
b：用中間色暈染融合，
提升質感。
c、d：用亮光色增加眼部
透明度，襯托出雙眸明亮
度。

適合日常、工作場
合，融合於膚色的
睿智灰色營造質感
裸妝！

◇彩妝部分
　底妝：塗抹粉底液後用
　　　　亮彩蜜粉輕掃眼
　　　　下三角區與T字
　　　　部位提升臉部立
　　　　體光澤。
　遮瑕：調和三色遮瑕膏
　　　　修飾臉部斑點。

眼妝的
全基礎秘訣

# 068

# 用明亮的同色調
# 描繪透明感藍色眼妝

上妝要點：用深淺同色調營造柔和的漸層效果

★ 在塗藍色眼影前，先用米色眼影打底，可以提升眼周的潤澤感，與藍色營造出柔和的光澤。

★ 用藍色眼線筆描畫後，要用黑色描畫細細的內眼線，消除藍色造成眼部輪廓過於模糊的印象。

★ 只需局部加亮光在下眼角，大面積塗抹眼角反而會顯得眼皮厚。

## 1. 眼窩塗抹淺色眼影作為基底色

用米色眼影暈染上眼瞼的眼窩部位，範圍不要超過眼窩凹陷處，作為基底色提亮眼部。

## 2. 用藍色做出漸層

用淺藍色眼影塗抹雙眼皮處，睜開眼也可以看到，再沿上眼瞼邊緣重疊塗抹深藍色眼影，強調漸層效果。

## 3. 眼角下方用亮色提升眼部的清晰度

在下眼角加入亮光，增加眼部的透明度，只在眼角下方局部添加即可，避免顯得眼皮下垂。

## 4. 眼尾描繪藍色

在靠近下眼尾1／3處塗抹淺藍色眼影，沿下睫毛塗抹，眼尾要塗抹得寬一些，與下眼角的亮色相呼應。

## 5. 用藍色眼線筆與眼線液打造纖細內眼線

用藍色眼線筆描畫上眼線，再用眼線液沿睫毛根部重疊勾畫，強調輪廓。

◆ 秘訣068眼影塗抹區域分布

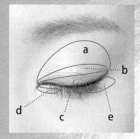

a：用亮光色打底。
b、e：加入淺色。
c：用深色營造漸層效果。
d：局部添加亮色。

適合日常、休閒場合，融化清風中般的透明感藍色呈現柔美韻味！

◇彩妝部分
　底妝：遮瑕後，全臉輕掃
　　　　上珠光散粉提升肌
　　　　膚的透明度，光澤
　　　　肌膚與藍色眼影相
　　　　得益彰。
　眉妝：用棕色眉粉修飾自
　　　　然整潔的眉形。

眼妝的
全基礎秘訣
**069**

# 四色眼影與眼線液
# 打造潤澤的金棕色眼妝

上妝要點：用四色亮澤眼影提升裸妝效果

★ 上眼瞼與眼角若隱若現的光芒，可以消除深棕色與金色珠光帶來的濃妝感，
增加裸妝的通透亮澤性。

★ 下眼瞼從距離眼尾2／3處暈染淺棕色眼影，略寬幅塗抹，暈向淚腺區，可以
襯托出閃亮的眼眸。

★ 選擇液體眼線，其潤澤質感與眼部的光澤能更好融合。

## 1. 用指腹塗抹米白色眼影打底，提升光澤質感

用指腹沾取亮色系的珠光米白色眼影，從眼窩開始，塗抹整個上眼瞼，邊緣要自然淡開。

## 2. 用淺金棕色眼影重疊暈染眼窩

平放刷頭，在眼窩部位左右塗抹中間色調的淺金棕色珠光眼影，接著寬幅塗抹下眼尾2／3處，增加眼周光澤度。

## 3. 邊緣塗抹深棕色與米粉色增加裸妝感

緊貼上眼瞼邊緣塗抹深棕色眼影，寬幅同雙眼皮的寬度，接著在眼角與眼窩中央塗米粉色眼影。

## 4. 用眼線液描畫平直的纖細眼線

離眼角5公釐處開始，沿睫毛根部描畫液體眼線，眼尾不要上揚，順眼形自然收細，接著勾畫眼角部分並銜接。

## 5. 佩戴無痕纖細假睫毛，提升分量感

黏貼自然無痕型假睫毛，用電燙睫毛夾將真假睫毛的弧度調整融合。

◆ 秘訣069棕色調四色眼影的
　塗抹區域分布

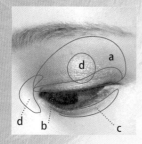

a、c：用淺色及中間色暈
　　染，提升眼周的光澤質
　　感。
b：用深色調和邊緣，強
　　調出輪廓。
d：加入亮色提升裸妝
　　度。

適合休閒聚會、宴
會，若隱若現的光
輝襯托出深邃閃亮
的眼眸！

◇彩妝部分
　底妝：用BB霜自然修飾出
　　　　薄透無瑕的膚質，
　　　　只在T字部位與眼
　　　　下加入亮彩蜜粉提
　　　　升亮澤感。
　唇妝：滋潤唇蜜能營造透
　　　　明的裸妝感。

眼妝的
全基礎秘訣
**070**

# 淡綠色與淺棕色組合
# 塑造光澤感綠色眼妝

上妝要點：用綠色與淺棕對比展現立體妝效

★淺棕色營造出的陰影效果，使綠色眼妝呈現自然立體妝效。

★綠色眼影塗抹在眼角與眼尾，與淺棕色對比出柔和光澤感。

★在棕色眼影基礎上描畫眼線膏，使眼影與沿線的接合處更加自然。

## 1.使用淺色眼影作為基底色

用偏白色的淺藍色眼影塗抹整個上眼瞼營造
出亮光效果，提亮眼周的膚色。

## 2.描畫棕色眼影與眼線膏，強調深邃眼部輪廓

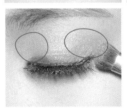

用淺棕色眼影在眼窩
處重疊塗抹營造自然
陰影，雙眼皮處塗深
棕色，接著在眼角與
眼尾塗抹綠色眼影。

## 3.用深灰色眼線膏描畫自然眼線

用深棕色眼線膏沿睫毛根部描畫粗一些的眼
線，下眼線描畫眼尾1／3部分，眼尾處的上
下眼線不銜接。

◆ 秘訣070眼影塗抹區域分布

a：用淺色打底。
b：用深色收縮。
c：用綠色眼影。
d：描畫深色眼
線。

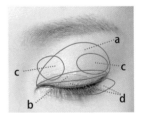

散發光澤感、立體十足！

眼妝的
全基礎秘訣
**071**

# 淡色調與雙色眼線
# 描繪柔和的粉棕色眼妝

上妝要點：淺粉色與棕色提升雙眸柔美韻味

★ 粉色眼影如果運用不當容易顯厚重，薄薄塗抹珠光淺粉色，透出細微光澤，使
眼妝更清透。

★ 打造裸妝時也不要忽視眼線，用黑色與棕色搭配，細細勾勒上下眼線，自然呈
現緊緻眼部輪廓。

## 1. 用遮瑕膏與珠光米白色眼影提亮上眼瞼，提升眼影顯色度

上眼瞼塗抹遮瑕膏要塗抹均勻，使後續眼影
更顯色，用米白色珠光眼影在眼窩暈開打
底。

## 2. 描畫粉色與棕色眼影，三層平塗營造深邃感

用淺粉色眼影塗抹眼
窩，眼球部位塗抹粉色
眼影，雙眼皮處用棉花
棒塗抹棕色眼影強調出
眼部深邃感。

## 3. 上下眼線描畫雙色眼線

用黑色眼線筆描畫細眼
線填補上睫毛間隙，用
棕色眼線筆描畫下眼尾
1／3部分，最後在眼下
輕掃米白色眼影提亮。

◆ 秘訣071眼影塗抹區域分布

a：用亮色打底。
b：用淺色過渡。
c：用深色收縮輪
廓。
d：描畫深色眼
線。

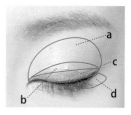

*完美柔和、魅惑雙眸~*

# 解決常遇到的煩惱 使畫眼妝更簡單易行

提升深邃立體輪廓的自然感眼妝實用技巧

## Q1.根據風格畫眼妝

| 妝感 | 基本眼影 | 基礎眼線與睫毛 | 基本提亮 |
|---|---|---|---|
| 立體眼妝<br>（強調上眼瞼中部） | 靠近上眼尾部位塗抹深一些的眼影打造自然陰影效果，黑眼珠上方用較深的眼影色強調立體感 | 眼部的中央須著重強調眼線的粗度與睫毛的密度，突出立體輪廓，使雙眸顯得大而有神 | 上眼瞼中部要用少量亮色眼影或修容粉薄薄塗一層，並與深色融合，凸顯立體輪廓 |
| 細長眼妝<br>（強調眼窩凹陷處拉長眼形） | 沿眼窩凹陷處呈線條形窄幅塗眼影，眼尾處沿眼窩輪廓自然銜接，加寬眼部的橫向幅度 | 著重強調眼尾部分的眼線與睫毛，打造出略微拉長的眼線與扇形睫毛，打造細長的眼部輪廓 | 整個上眼瞼輕抹含細膩珠光的亮色眼影提升光澤度，淡化眼部上方，視覺上顯細長 |
| 圓潤眼妝<br>（凸顯濃淡層次漸層） | 眼窩部位用淺色眼影打底，雙眼皮與靠近眼尾處用同色系的深色眼影收縮輪廓 | 上眼線從眼角到眼尾描畫粗一些的眼線，下眼線只描畫靠近眼尾1/3部分，提升圓潤度 | 在眉毛下方與眼窩之間的位置塗抹薄薄一層亮光提亮，襯托出明亮的大眼睛 |

## Q2.根據眼形刷睫毛

| 眼形 | 基礎睫毛刷法 |
|---|---|
| 內雙眼皮 | 瞳孔上方的睫毛要刷得濃密一些，增加眼寬 |
| 單眼皮 | 睫毛要呈放射狀散開且根根分明，擴大眼形 |
| 下垂眼睛 | 眼尾的睫毛要刷得纖長而卷翹，使眼尾上揚 |
| 下垂眼睛 | 加強眼尾處睫毛的纖長、濃密感，拉長眼形 |
| 多重眼皮 | 不卷睫毛，直接塗睫毛膏，打造自然上翹感 |

## Q3.化眼妝後眼部看起來顯得生硬、不自然？

A.根據眼皮褶皺的不同狀態靈活調整畫法。

　　化眼妝要結合不同眼皮類型靈活調整上妝手法，單眼皮一般適合描畫細長感的眼妝，提升嫵媚度；內雙眼皮的眼線要稍微描粗一些、眼尾的眼線微微上揚，使輪廓更鮮明；雙眼皮基本上可以選擇不同類型的眼妝。

## Q4.內雙眼皮的眼線總是看不見，暈染過厚又顯得眼皮腫？
A.不描畫眼皮下壓的部位，重點是強調眼尾部位的線條與顏色。

　　對於畫了眼線卻不清晰的內雙眼皮，眼尾是修正重點。內雙眼皮與眼瞼邊緣離得比較近，畫眼線時，看不到的地方就沒有必要畫出來。在眼尾1／2處開始延長，就能充分發揮眼線的大眼效果。

## Q5.描畫眼尾處的眼線時，延長部分看起來很生硬，不自然？
A.用眼線筆細緻地填充眼尾三角區內的顏色，不留餘白。

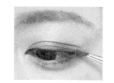

　　描畫上眼線時，在靠近上、下眼尾銜接部位的三角形區域內，用眼線筆仔細地填上顏色，並用細眼影刷塗抹均勻，不要露出本的膚色，否則就容易顯得眼線過於突兀。

## Q6.眼影的漸層色暈染到什麼部位，妝效看起來最為自然？
A.從眼球部位暈開至眼瞼內側。

　　暈染眼影從上眼瞼的眼球部位開始，至眼瞼的內側為止，可以使眼部顯得自然立體，輪廓也更清晰，塗抹前用指尖輕觸確認部位。

## Q7.用棉花棒將眼線暈開時會顯髒？
A.用細頭棉花棒沿眼線上方暈開可以避免花妝。

　　以尖端較細的棉花棒，沿眼線上方輕抹，避免暈開眼線後，導致眼妝顯髒，對於初學者，描畫黑色眼線容易顯得線條生硬，脫妝也很明顯，選擇顏色自然的茶色或棕色眼線筆，描畫後會顯得更柔和一些。

## Q8.勾勒上下眼線時線條生硬不流暢？
A.一點點細碎地移動筆尖左右小幅度描畫。

　　一筆畫出眼線容易畫得不順暢，用筆尖左、右小幅度移動可以更平滑地描畫線條；描下眼線時，沿睫毛根部的間隙處呈點狀描畫，不要整個塗滿顏色。

# 基本工具
# 令化眼妝不易出錯

塑造立體眼部輪廓的
必備化妝品與工具

## 【眼影】

選擇粉質細膩、服貼度高的眼影
提升眼部立體感。

霜狀眼影質地滋潤細膩，作為眼部打底，可以使眼影持久貼合，柔和光澤還能消除眼部暗沉。眼影粉由塑造霧狀質感的光感眼影與帶有金色、銀色等閃粉顆粒的珠光眼影，多色眼影盤使用更輕鬆，通過濃淡漸層色彩打造立體眼妝。

## 【眼線筆】

強調並變換眼部輪廓，根據希望打造的風格選擇不同類型及上妝手法。

眼線筆描畫出的線條比較柔和，使用柔軟質地的筆芯更容易著色，其中黑色防水眼線筆，柔軟乳質筆芯易上色、不脫妝；膏狀眼線筆可以打造煙熏效果眼線，服貼的質感還可以作為眼影打底；可替換筆芯的軟芯眼線筆使用更便捷。眼線液適合勾勒精緻而濃密的眼線，使用起來手感流暢，不易暈妝。眼線膏的膏狀質地使妝效服貼，配合扁頭刷打造流暢線條，出席晚宴時可以選擇帶有閃粉的眼線膏。

## 【睫毛膏】

無論使用何種睫毛膏，都應具有防水功效，避免暈妝。

加長型睫毛膏在成分中添加了纖維物質，具有增長睫毛的效果，適合短少睫毛使用。濃密型睫毛膏使細而稀疏的睫毛變粗密，塗後用睫毛梳刷開避免結塊。卷翹型睫毛膏可以調整粗硬、平直或下垂的睫毛，打造上翹弧度，選擇速乾型可以使卷翹度快速定形。

## 【眼妝工具】

根據塗抹範圍與妝容要求，選擇不同刷形與美睫工具，才能更有效地提升眼部魅力。

想要描繪出自然立體的眼部輪廓，就要根據塗抹眼影的範圍、細節部位的線條要求及希望展現的效果，選擇圓頭、平頭或其他質地的不同類型。並根據眼形與妝效使用各種美睫工具使睫毛彎卷上翹，呈現完美弧度。

◎ 眼影刷

使用眼影刷時要根據大範圍塗抹與細節勾畫的不同要求，選擇適宜的刷形大小。在暈染眼影時，毛尖柔軟的圓形平頭刷是最基礎的工具，而扁平刷頭和邊緣收緊呈梯形的平頭刷適合塗抹眼睛邊緣和下眼瞼、睫毛縫隙的細節部位，使用時根據塗抹的寬窄靈活變換刷頭角度，提升塗抹效果。

◎ 睫毛夾、睫毛鑷

按根部→中部→梢部的順序小幅度移動睫毛夾夾彎睫毛，呈現放射狀美感；局部睫毛夾可以使細小睫毛也上翹；電燙睫毛夾只要從睫毛的下方上抬就能輕鬆使睫毛卷翹。

# 唇妝的全基礎秘訣

用飽滿的雙唇提升女性魅力

呈現平衡感的紅潤唇妝

　　雙唇是展現女性獨特魅力的重要象徵，無論想要嘗試哪種風格，上下唇的適中比例，沒有乾紋的順滑質感，均勻的健康色澤、圓潤的立體輪廓，都是提升妝容表現力的重要因素，掌握其中的要訣，化唇妝才能更得心應手。

## 唇妝的全基礎秘訣 073

# 掌握基礎唇妝要領
# 用飽滿唇形提升表現力

適宜的唇形與唇色提升女性獨特魅力

### 確認唇形與唇色

★上下唇厚度以1：1.2為基本比例，略厚一些的下唇可以使唇形顯得更飽滿，呈現平衡美感。

★在選擇喜歡的顏色時，要考慮唇色與整體妝容的搭配是否協調。

## 【技巧1】　六大基本要素平衡唇形

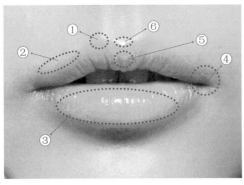

①唇峰：最高部位的輪廓要有一定的飽滿感，線條圓潤，不要出現明顯的棱角。

②唇側：上下唇的側面輪廓線呈現出一定的豐盈感，過薄會顯得唇形不飽滿。

③下唇：上下唇的厚度比例為1：1.2較適中。下唇中部外緣描深色唇線，可以強調出立體感；中央塗上閃亮的唇蜜，強調光澤，會使唇形更豐圓潤。

④嘴角：微微上翹的嘴角使表情更富有親和力，通過遮瑕並描畫上揚的唇線打造微笑表情。

⑤唇珠：強調凸出部位，塗上亮彩唇蜜，可讓唇形有圓潤感。

⑥唇谷：用修容粉沿唇峰輪廓提亮，強調出立體的唇部輪廓。

## 【技巧2】　唇色與妝色的協調性

除非想要強調鮮明個性或改變唇形，最好避開顏色過深的口紅，會給人過於強烈的印象，在描畫裸效唇妝時，不要一開始就塗抹明顯的顏色，先用自然的膚色調整嘴唇的上下比例，再塗抹顏色明顯一些的口紅，即使脫妝也可以呈現出裸唇的色澤。

## 【技巧3】　唇色與妝色的協調性

唇色與妝色的搭配直接影響整體協調感，選擇與唇色同色系的腮紅顏色，令膚色與唇色自然融合，看起來更有親和力。

## 【技巧4】　與膚色融合度高的唇色

如果不太確定自己適合的顏色，可以從自然淡雅的粉棕色、與膚色融合度好的顏色開始，再逐步嘗試其他顏色，不要一開始就使用紅色系或個性的褐色系。

偏粉色　　　　　　　　　　　　　　偏棕色

## 【技巧5】　選擇時先在唇部試用

即使用同一款口紅，由於本身唇色不同，最終妝色也會不同，所以塗在手背上或其他人的唇上會有完全不同的效果，最好在自己的唇部試色。

**描畫唇妝的基本手法**

★ 如果不擅長使用唇線筆或口紅，用唇刷塗抹更容易塗抹順滑，簡單易行，可以自然描畫出清晰的邊緣，著色也更均勻。

★ 唇線筆可以控制線條的柔和度，軟芯質地還能用於塗抹唇色打底。打造日常妝容時，選擇自然的米色、淺茶色較貼近膚色的顏色，配合同色系的口紅，輕鬆營造出自然氣息。

## 【技巧1】 這樣塗抹口紅著色更均勻

用唇刷沾取口紅後再塗抹，可以流暢地描出唇部輪廓，並能使膏體充分深入唇部紋理，使色彩更飽滿。

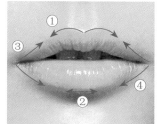

用唇刷沿上下唇中央的輪廓塗抹口紅（①②），接著從嘴角向內塗抹，避免口紅堆積在嘴角（③④）。上唇唇峰要畫出飽滿感，下唇沿唇部輪廓塗抹。

## 【技巧2】 加一個動作使唇妝持久

塗口紅前用紙巾吸拭唇部多餘油脂，塗第一層口紅後，用紙巾輕按幾下吸去油分，再重複塗抹口紅，使顏色與唇部貼合更牢固。

## 【技巧3】 如何塑造上翹嘴角

沿下唇輪廓的延長線，呈線狀塗上遮瑕膏，用指腹塗勻，遮蓋原先的嘴角輪廓，後將靠近嘴角上方2～3公釐處作為基準點，用唇線筆點上標記，再開始描畫上下唇線。

## 【技巧4】 描畫唇線的手法

唇周輕按散粉模糊輪廓，用唇線筆將設定的基準點與唇峰銜接，下嘴角描畫直線與基準點連接，然後向下唇中部勾勒，最後自然銜接上下唇線。

## 【技巧5】 用潤唇膏做足保養

乾燥導致唇紋加深，無法塗出潤澤感，用棉花棒沾取潤唇膏，順著紋理將唇紋填平，使唇部平滑更易上妝。

唇色暗淡的話，塗上足量潤唇膏，待2～3分鐘乾皮被軟化，用指腹畫圈按摩，再用化妝棉拭去死皮。

**唇妝的全基礎秘訣 074**

# 針對不同唇部類型
# 修飾基本唇形與唇色

上妝要點：修飾不同的唇形，解決不足之處

★ 修飾唇形時，範圍不要超過嘴唇本身內外輪廓的1.5公釐，否則會顯得不自然。

★ 通過強調眼部妝容，可以將視線轉移。

| 類型 | 基本修飾 |
| --- | --- |
| 薄唇<br><br>（貼輪廓外側自然擴張） | ● 在自身唇峰上方確定輪廓，下唇貼輪廓外側自然擴張輪廓<br>● 選擇偏暖的明亮色調凸出立體感 |
| 小唇<br><br>（用淺色、亮色擴張） | ● 嘴角的輪廓線向外延伸，於原有唇線外側勾勒唇線，使嘴唇變寬厚<br>● 用淺色或亮彩口紅使小唇看起来顯大 |
| 內曲線唇<br><br>（修飾向內凹陷的上唇） | ● 與下唇大小、弧度相一致地描畫出上唇的輪廓<br>● 用與膚色融合的自然色減弱不協調感 |
| 嘴角下垂<br><br>（修飾出上翹的嘴角） | ● 用粉底或遮瑕膏遮蓋下嘴角輪廓，使嘴角位置上移<br>● 嘴角處的上唇線略向上彎 |
| 厚唇<br><br>（減弱厚重的唇部輪廓） | ● 用遮瑕底霜遮蓋原有唇線，用接近膚色的唇線筆向內收縮描畫<br>● 口紅選擇與膚色相近的顏色來收縮厚唇 |
| 下唇突出<br><br>（調整上下唇平衡） | ● 上唇略向外側，下唇略向內側勾輪廓<br>● 用明亮色修飾上唇，下唇則用暗一些的顏色收縮 |
| 左右不對稱<br><br>（用遮瑕膏修飾平衡） | ● 以遮瑕膏修飾歪曲部分再描畫唇線，使左右唇形對稱<br>● 選擇與膚色融合度好的口紅顏色來補色 |
| 大唇<br><br>（遮蓋過大的唇部輪廓） | ● 用粉底或遮瑕膏遮蓋原有輪廓，使唇形略向內側收縮<br>● 選擇與本身唇色接近的自然色口紅 |

唇妝的
全基礎秘訣
# 075
# 用唇線筆調整唇形
# 令唇緣輪廓更精緻

雙色唇線筆

唇部遮瑕膏（豐唇油）

上妝要點：簡單用唇線筆調整上下唇的邊際

★ 唇線筆應選擇與唇色接近的顏色，而不是選擇與口紅顏色相近的。避免口紅褪色後，唇線與唇色區別過明顯。

★ 描畫唇形以「圓」為目標，唇峰位置的弧度過尖會顯得有距離感，圓潤些的線條更富有女性氣息。

★ 要調整唇形時，用唇線筆可以清晰地修飾唇部輪廓，且最不容易脫妝。

## 1.滋潤打底修飾乾紋與過深的唇色

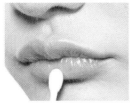
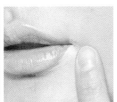

用棉花棒塗抹潤唇膏，用指腹畫圈按摩充分滋潤，用紙巾輕拭油分，接著將修飾細紋的遮瑕膏均勻塗抹上下唇遮蓋原先的唇色，並修飾上揚的嘴角（方法見第105頁的【技巧3】）。

## 2.用唇線筆描畫平滑而圓潤的上唇線

用膚色唇線筆先確定唇谷的位置與唇峰最高點，先從唇谷用流暢的線條描向唇峰，形成圓潤的曲線，接著離開嘴角2公釐處開始，向唇峰方向描畫流暢的弧線，與唇峰自然銜接。

## 3.描畫下唇線後用棉花棒修飾整潔

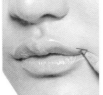

用深一些的唇線筆離開嘴角2公釐處開始，沿邊緣描畫下唇線，連接下唇中部，接著用膚色唇線筆連接嘴角處的線條。

◆ 步驟細節：根據唇部薄厚程度用唇線加以修正

上唇或下唇偏薄的話，用自然色唇線筆勾勒，貼著唇緣的外側勾畫，自然擴張；上下唇偏厚時，先用遮瑕膏修飾輪廓，再用深一些的唇線筆沿唇緣內側描，收縮唇形。

唇妝的
全基礎秘訣
**076**

# 用唇刷化唇妝
# 塑造圓而飽滿的嘴唇

唇刷

粉色唇彩

膚色口紅

上妝要點：口紅與唇彩讓嘴唇呈現自然圓潤感

★ 與直接使用口紅或唇彩相比，用唇刷更可以流暢地強調，按畫唇線的筆觸描輪廓線，細節調整也會更順手。

★ 用唇彩或珠光唇線筆描畫唇峰，可以超出原本的邊緣一些，但和畫唇線一樣，線條要圓潤，過尖會產生距離感。

★ 從嘴角開始塗抹上下唇是基本手法，可以避免口紅堆積在嘴角。

## 1.用遮瑕膏與散粉修飾唇形與唇色

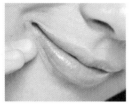

用遮瑕膏沿唇部輪廓描線條狀，用指腹塗抹均勻，接著在整個唇部輕輕拍按散粉，調整唇色，使口紅的顯色度更好。

## 2.用唇刷從嘴角邊描輪廓邊暈染唇色

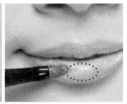

用唇刷沾口紅，從嘴角開始塗下唇，按畫唇線的筆觸沿遮瑕後的唇形邊描輪廓，邊將顏色填滿唇部內側，嘴角至唇峰的線條要飽滿，接著重複塗抹唇中加強立體感。

## 3.用唇彩營造出光澤，提升飽滿效果

塗唇彩時也用唇刷，將唇彩塗在手背上，再用唇刷沾取後塗抹，可以更好地在輪廓處營造光澤質感。

## 4.在唇峰上方與下唇中央強調光澤

用唇彩重疊塗抹上下唇，塗唇峰時，稍微超出一點輪廓線，營造立體光澤，下唇中央充分塗抹唇彩，提升飽滿感。

# 讓唇部乾紋隱形
# 塑造水漾豐唇

豐唇油
膚色唇蜜
淡粉色口紅

上妝要點：潤唇膏、唇蜜與唇彩畫出飽滿裸唇

★ 膚色唇妝最容易脫色，在用潤唇膏護理唇部後，要用面紙將油分吸拭乾淨，才能更好顯色並避免脫妝。

★ 膚色的雙唇與膚色融合度較好，但如果缺少光澤感就會顯得膚色不明亮，用唇蜜與唇彩提升亮澤感很重要。

★ 由於唇蜜所含的油脂容易導致脫妝，所以用量要少一些，只在局部塗抹即可。

## 1. 滋潤打底修飾乾紋與暗沉的唇色

用棉花棒塗抹潤唇膏填補乾紋，避免口紅和唇蜜著色不勻，接著塗抹豐唇油，點塗在上下唇後用指腹輕拍，均勻延展開，遮蓋暗沉唇色，平滑細紋。

## 2. 重疊塗抹塑造飽滿膚色唇

待豐口紅乾透後，不畫唇線，用唇刷沾取膚色口紅順紋理塗抹，接著從唇部中央開始向嘴角塗抹一層膚色唇蜜，唇緣要塗薄一些，避免脫妝，上下唇的中部要重複塗抹，強調立體輪廓。

## 3. 用亮色唇彩提升嘴唇中部的光澤

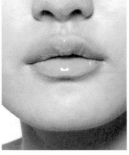

在唇部塗抹亮粉色唇彩，較容易脫色的上下唇中部要重複塗抹，營造出閃耀盈潤光澤的飽滿唇。

◆ 步驟細節：塗唇蜜或口紅時加入吸拭油分的環節

塗第一層口紅或唇蜜後，先用面紙按唇部表面，吸拭多餘油分，再塗第二層唇蜜，「塗抹」、「吸拭」反覆交替進行二、三次，可以使顏色與嘴唇緊密服貼，唇色持久不容易脫落。

唇妝的
全基礎秘訣
**078**

# 增強唇妝的持久性
# 用淡雅色調來豐唇

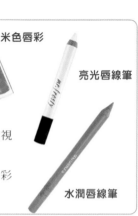

米色唇彩

亮光唇線筆

水潤唇線筆

上妝要點：不描畫唇線也能調整出飽滿唇形

★ 具有一定暖色系的膚色，較適合偏薄的唇形，可以從視覺上加厚雙唇，自然呈現豐盈的立體唇形。

★ 塗唇彩時，橫向咧嘴，使唇部的豎紋展開，可以讓唇彩充分覆蓋唇部肌膚，嘴唇表面顯得更加平滑。

## 1. 潤唇與遮瑕改善乾燥暗沉的嘴唇

用護唇膏覆蓋唇部，待潤唇成分充分吸收，用面紙輕按嘴唇，吸除油脂，後用指腹塗抹可以修飾唇色的遮瑕膏。

## 2. 用接近膚色的唇線筆塗色打底

用亮光唇線筆沿唇峰外緣描畫圓弧，接著用淡粉色唇線筆描畫嘴唇內側打底，並用指腹輕抹均勻，接近膚色的唇部底色，避免口紅脫落後色差明顯。

## 3. 塗抹膚色口紅後局部塗唇蜜提亮

用唇刷將膚色口紅塗在上下唇，順唇部紋理豎著刷，使口紅著色更均勻，最後在上下唇中央用唇彩增添淡雅光澤。

◆ 步驟細節：用刷頭塗抹唇蜜打造平滑雙唇的要點

以唇蜜打造富有光澤的潤澤唇妝，先用刷頭從下唇的側面塗抹內側，再豎起刷頭用尖端勾勒唇部輪廓，塗抹時咧嘴，使縱紋舒展開，讓唇蜜覆蓋唇部肌膚，更好地將表面修飾出平滑效果。

遮瑕霜

### 唇妝的全基礎秘訣 079

# 打造嘴角上翹的唇妝
# 提升妝容親和力

上妝要點：用遮瑕膏與膚色唇線塑造上揚的唇形

★ 打造微笑唇妝，不用改變整體唇部輪廓，只需要通過遮瑕與唇線修飾嘴角上下側，局部修飾來提起線條。

★ 用與膚色融合度較好的膚色唇線筆，分別描畫嘴角的上下唇線，自然修飾出上揚的嘴角。

★ 選擇軟芯的蠟質唇線筆，不僅可以勾勒上下唇線，還能直接塗抹內側打底。

## 1. 沿微笑時上揚的線條遮蓋原本輪廓

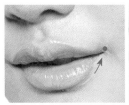

確認嘴角上方約2～3公釐處的基準點，保持微笑表情，用遮瑕膏沿嘴角上提的邊際，斜上塗粗一些的線條，至基準點下方，並用海綿輕輕按壓融合。

【秘訣】塗遮瑕霜後，遮蓋了嘴角原有輪廓，嘴角位置略微提升，同時修飾唇周的暗沉膚色，唇型更清晰。

## 2. 用膚色唇線筆描畫嘴角的上下唇線

描畫唇峰，從嘴角向上2～3公釐的基準點開始描起，向唇峰方向描畫弧度圓潤的上唇線，與唇峰自然銜接。

從嘴角的基準點向下唇中央，用唇線筆沿遮蓋後的唇緣邊際描畫下唇線，接著將上下唇線在嘴角基準點處自然銜接，兩側對稱描畫。

## 3. 用深淺雙色唇線筆打造光與影

用蠟質雙色唇線筆較深的一端，沿下唇中部外緣描畫陰影，用較淺的一端沿唇峰至唇谷的輪廓線外緣描畫「V」形線條，藉用反光襯托立體輪廓。

◆ **步驟細節：唇線筆用於打底可以防止脫妝明顯**

唇線筆不只用於描畫唇線，還可以做整個唇部上色打底，之後再塗抹口紅，使唇色不容易脫落，即使唇妝褪色，唇線與嘴唇的顏色差別也不會明顯。

**唇妝的全基礎秘訣 080**

# 唇蜜與唇彩搭配塑造透明立體感唇形

粉色唇蜜

透明唇蜜

上妝要點：二色搭配提升通透紅潤效果

★ 想要提升紅潤效果，可以用顯色度較好的桃粉色等鮮亮一些的顏色，加上透明色的暈染，呈現立體感。

★ 較薄的嘴唇可以大範圍地塗抹唇彩，提升豐盈感；偏厚唇形要控制唇彩的用量，只塗抹內側即可。

## 1. 唇部遮瑕膏修飾唇峰與下唇的邊緣

用唇刷沾取具有亮光、修飾效果的豐唇油，緊貼唇峰外緣描線，再塗抹下唇中央的外緣部位，利用光的折射作用，塑造出立體唇形。

【秘訣】較薄的嘴唇可以大範圍地塗抹唇彩，偏厚的嘴唇要控制用量，用於內側即可。

## 2. 分區域塗抹粉色唇蜜與透明唇彩

用粉色唇蜜塗抹上下唇中央，用刷頭的平面將顏色打底，營造出紅潤的唇色，再用透明唇蜜將粉色唇蜜向唇部邊緣輕輕推開。

## 3. 融合唇色並用遮瑕膏修飾嘴角線條

用唇刷從唇部邊緣向中部輕輕塗刷，將兩種顏色自然融合，使唇色更均勻。

用滋潤的液體遮瑕筆，修飾一下嘴角下方的輪廓處，更加凸顯唇形的飽滿感。

◆ 步驟細節：用刷頭塗抹唇蜜打造平滑雙唇的要點

用唇蜜打造富有光澤的潤澤唇妝，先從下唇用刷頭的側面塗抹內側，再豎起刷頭用尖端勾勒唇部輪廓，塗抹時要咧嘴，讓縱紋舒展開，使唇蜜更好地覆蓋唇部。

唇線筆

桃粉色口紅

## 唇妝的全基礎秘訣 081

# 修飾偏薄的唇形
# 打造比例適中的粉嫩唇

上妝要點：深淺雙色唇線與同色口紅修飾薄唇

★ 調整唇形時，由於要描畫唇部外測的邊緣來擴大輪廓，用接近膚色的唇線筆勾畫，效果更自然。

★ 用桃粉色唇線筆描畫內唇線，並用於打底，唇線與打底用一個顏色，可以避免脫妝後唇線與底色脫節。

★ 想打造輪廓更鮮明的唇妝，最後要用遮瑕膏修飾唇部邊緣，襯托出清晰唇形。

## 1. 用深淺色內外唇線調整偏薄的唇形

用接近膚色的淡色唇線筆，沿嘴唇的邊緣稍稍向外描畫上下唇線，調整偏薄的唇形。接著用桃粉色唇線筆沿淺色唇線的下側描畫粗一些的內唇線。

【秘訣】用唇線筆調整上下唇的厚度時，要遵循1：1.2的上下唇基本比例。

## 2. 用桃粉色消除明顯線條並暈染唇色

用唇刷沾取桃粉色唇線筆，沿描畫的桃粉色唇線塗抹上下唇內側，消除明顯的深色唇線，使顏色自然融合，同時起到打底防脫色的作用。

## 3. 用散粉和口紅打造桃粉色唇妝

 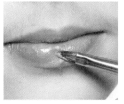

在整個唇部輕拍少量散粉，固定顏色並使口紅更顯色，最後用唇刷從中部向邊緣塗抹與底色同色調的桃粉色口紅，並在上下唇中部塗抹透明唇彩提升光澤感。

◆ 步驟細節：輕拍散粉使後續口紅的顯色度更好

想要打造妝效更鮮明的唇妝時，塗口紅前，先用粉撲在整個唇部輕按少量散粉，可以使後續口紅更持久服貼肌膚，顯色度也會更好。

唇妝的
全基礎秘訣
**082**

# 針對不同問題
# 創造雅致唇妝的秘訣

稍微改變方法與色調就會大有不同

## 修飾唇色偏深的厚唇

★選擇液態遮瑕筆模糊邊界，再描畫膚色唇線，效果更自然。

★用遮瑕膏修飾唇色後，不要塗抹唇蜜，易導致遮瑕膏脫妝。

### 1.用遮瑕膏和遮瑕液修飾唇色與唇形

用遮瑕筆沿原本的唇部外緣描畫，修飾偏厚的唇形，並用指腹由唇部內側向唇邊輕輕拍勻遮瑕膏，調整唇形與偏深的唇色。

### 2.塗抹第二層口紅線先用蜜粉固色

先用膚色唇線筆沿原本的邊緣內側描畫唇線，再用唇刷沿唇邊內側塗抹口紅。重複塗抹第二遍口紅前，用粉撲在唇部按壓少量蜜粉加固顏色，最後沿唇邊內側重複塗抹一次口紅，使顏色更飽滿。

## 交替吸拭打造均勻、持久唇妝

★交替用面紙吸拭油脂加固口紅。

★紋理明顯的嘴唇，塗抹時要保持微笑、展開唇紋，著色更飽滿。

### 1.保持微笑嘴形使塗抹更均勻

嘴角微張，全唇塗抹口紅，用面紙輕輕按住嘴唇，拭去表面油脂，加固妝色，接著豎用唇刷縱向重複抹口紅，順唇紋塗抹，使顏色充分埋入紋理中。

### 2.用面紙反覆拭去唇部表面多餘油脂

在重複塗抹第二遍口紅後，再用面紙輕輕按住嘴唇，拭去唇部表面的多餘油脂，交替進行2～3次，使口紅充分著色。

## 唇妝的 全基礎秘訣 083

# 修飾輪廓細節 塑造健康紅潤的唇妝

用唇線筆或遮瑕筆修飾唇色及細節部位的輪廓

### 用唇線筆提高顯色度

★ 不紅潤的唇部，直接塗唇蜜會顯得暗沉，
最好先用唇線筆打底。

★ 由中央向邊緣推開自然融合。

### 唇線筆打底後塗抹唇彩打造健康印象

用膚色唇線筆塗滿整個唇部打底，再用唇蜜
由中央開始向外側塗開，自然紅潤的底色與
唇蜜的搭配，呈現健康紅潤。

### 用遮瑕筆修飾嘴角暗沉

★ 對於暗沉的嘴角，想打造深色唇妝，要先
用遮瑕膏提亮，否則即使使用鮮艷的顏色，
也會顯髒。

### 遮蓋嘴角的暗沉膚色後用指腹推勻

 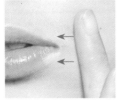

用比膚色淺一些的遮瑕筆呈圓弧形塗嘴角周
圍，用指腹由外向內將遮瑕液塗勻，再塗口
紅就不會顯得嘴角的唇色暗沉。

### 用唇線筆修正偏薄的上唇

★ 沿唇線修飾不飽滿的上唇。

★ 唇線筆所含油脂要用面紙吸拭後再塗抹口
紅，避免嘴角脫色。

### 上唇線嘴角的線條向外側延長二公釐

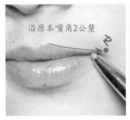 

沿原本嘴角2公釐

用唇線筆描畫唇峰至嘴角的上唇輪廓，嘴角
線條向外側延長描出2公釐，下唇線與延長後
的上唇線銜接，接著用面紙輕按嘴角，消除
唇線處的油脂，再塗抹口紅，避免嘴角處的
唇線脫色。

### 亮光唇線與唇蜜提升飽滿感

★ 用亮色唇線筆細細描畫上下邊緣，亮光效
果輕鬆營造出立體輪廓。

### 在上下唇中央加入亮光再塗抹唇蜜

用白色亮光唇線筆在唇谷至唇峰的邊緣及下
唇中部邊緣描畫唇線，接著以覆蓋的方式沿
描畫的唇線塗抹唇彩，使光澤效果更明顯。

唇妝的
全基礎秘訣
# 084
## 針對不同問題
## 調整自然生動的唇色
只要變換一下手法與色調就會不同

### 簡單讓光澤唇變自然唇

★ 自然唇適合強調成熟感妝容。

★ 如果覺得清洗粉撲很麻煩，用棉花棒更簡
單一些。

**塗口紅後用棉花棒塗散粉消除光澤感**

直接用口紅塗抹唇部，利用口紅的邊緣沿唇
形描出輪廓，接著用棉花棒沾取少量散粉，
輕輕按壓上下唇，消除光澤感。

### 漸層的包圍式粉色唇妝

★ 用兩種色調提升紅潤感。

★ 塗鮮艷顏色的中部範圍，為整個唇部寬度
的1／3較合適。

**利用雙色漸層感營造出自然紅潤豐唇**

先用與膚色融合度較高的駝色唇蜜塗抹在整
個唇部，然後只在下唇的中央塗紫紅色唇
彩，下側不要超過唇部邊緣。

### 用上下唇的對比提升平衡感

★ 適合上唇看起來不凸出的唇形。

★ 上唇塗抹比下唇鮮艷些的顏色，會使上唇
看起來較為飽滿。

**上唇塗鮮艷色，下唇塗自然色**

用粉紅色口紅由嘴角向唇峰方向塗勻，下唇
塗抹的口紅顏色要比上唇自然一些（如駝
色），中央重疊塗抹，營造立體感，通過上
下唇色的差異，獲得平衡感。

### 提升口紅的顯色度

★ 以輕壓的方式塗粉底遮蓋唇色。

★ 用粉底與膚色口紅交替層疊塗抹二次，使
唇色更持久。

**用粉底輕輕按壓遮蓋唇色後再塗抹
口紅**

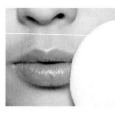 

塗口紅前先用粉撲在唇部按壓粉底，消除原
本唇色，並防止脫妝，用唇刷沾取口紅沿輪
廓塗抹，上唇邊緣與下唇中部用亮色唇彩提
升飽滿感。

# 消除唇妝常見疑問
# 打造比例適中的粉唇

小技巧成功塑造持久紅潤的飽滿唇妝

**Q** 1.本身唇紋較深，塗上口紅後唇紋變得更明顯了，
唇色也看起來更暗？

A.妝前充分滋潤雙唇，並用唇刷塗口紅，減淡唇紋。

有顏色的口紅一般都偏乾，直接塗很容易造成唇紋，並加深唇色，最好使用唇刷上妝，補妝時要先將殘餘的口紅擦去，否則重新塗上口紅，唇紋就容易更明顯。在塗有色口紅前，應先用含維生素E及防曬成分的護唇膏進行護理，配合唇部按摩促進吸收。

**Q** 2.唇形偏薄，想用唇線擴大輪廓，但總感覺線條不自然，
畫好的唇形不協調？

A.根據唇形的薄厚程度調整輪廓線的勾勒方法修飾唇形。

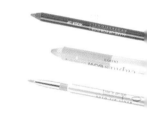

薄唇的唇線略大於原本的唇部輪廓線，在自身唇峰微微偏上的位置設定新的輪廓線，再向兩側描畫勾勒，凸出唇峰的飽滿感；下唇線沿自身唇線外輪廓1～2公釐，自然擴張。厚唇可以先用遮瑕膏遮蓋自身唇線，再向內收縮描畫唇線。

**Q** 3.塗口紅後很快就出現暈妝、脫色？

A.口紅的油分易導致脫色，塗後用面紙吸拭油分就能解決。

塗抹口紅後，用面紙輕輕按壓雙唇2～3次，拭去口紅的油分，使唇部肌膚更加清爽，唇色就可以持久亮麗。

**Q** 4.想嘗試淺色系的膚色唇妝，但塗抹後經常出現不均勻的
色痕，而且容易脫妝？

A.塗口紅前先修飾唇色，使後續口紅充分展現出自然色澤。

打造裸妝時會使用淺粉色等偏膚色的口紅或唇蜜，但淺色系容易與自身唇色不融合，出現塗抹不勻或脫色問題，上妝前用潤唇膏充分滋潤唇部，使唇部肌膚更平滑，如此一來可以避免口紅堆積在唇紋中形成不均勻的色痕，然後用豐唇底霜修飾唇色，再塗上淺色口紅，就能提升顯色度，營造出豐潤的嘟嘟唇。

## 唇妝專欄

# 基本工具
# 使化唇妝簡單有效

## 塑造立體飽滿雙唇
## 常用化妝品與工具

### 【潤唇膏】

**提升潤澤，消除乾紋、修飾唇色的妝前打底。**

乾燥導致唇紋加深，無法塗出潤澤感，用棉花棒沾取保濕潤唇膏，順紋理將唇紋填平，使唇部平滑更易上妝。豐唇油與遮瑕膏可以提升唇部飽滿感、修飾原本唇色，打造立體唇形，使後續口紅更顯色。

### 【口紅、唇彩、唇蜜】

**修飾唇色與光澤度的必備化妝品，使雙唇的色澤更有魅力。**

口紅是最常見的類型，質地比唇彩和唇蜜乾。市面上的口紅種類有柔亮、光感等，色彩飽和度高，遮蓋力強，由於質地較濃稠，不易脫妝。唇蜜從水潤的珠光質地到油亮的唇油，簡單一擦就可以提升唇部閃亮度。通常在塗抹口紅後，在唇中輕點唇蜜提亮。多色系的唇彩組合，對於喜歡調色或不知道自己最適合什麼顏色的人來說，是最聰明的選擇。利用唇刷就可以調出適合自己的口紅顏色。

### 【唇線筆】

**調整唇形，修飾不理想的輪廓，使口紅不容易溢出。**

唇線筆可以較好地控制線條的柔和度，

軟芯質地還能用於塗抹唇色打底，修整過厚、過薄的唇形，打造日常妝容的唇線筆應選擇與唇色接近的顏色，而不是選擇與口紅顏色相近的。避免口紅褪色後，唇線與唇色區別過明顯。要調整唇形時，用唇線筆可以更清晰地修飾唇部輪廓，且不易脫妝。

### 【唇妝工具】

**塗抹口紅、唇彩，修飾輪廓與唇色，提升持久紅潤亮澤。**

塑造唇部立體感，唇刷必不可少，無論是塗口紅或唇蜜，要打造清晰輪廓、均勻色澤，就要用唇刷描畫上色。選擇時刷毛要觸感柔軟平滑、毛量要緊實一些。

◎ 唇刷

塗口紅的化妝工具，選擇毛質與毛量軟硬適中的刷頭，太軟的唇刷塗口紅時會難以掌握輕重。與直接使用口紅或唇彩相比，用唇刷可以更流暢地強調輪廓，細節調整也更順手，使唇線輪廓清晰，口紅色澤均勻。塗抹時從嘴角開始塗抹上下唇是基本手法，可以避免口紅堆積在嘴角，導致脫妝。

◎ 美唇用品

棉花棒與面紙也是打造完美唇妝的必要用品，塗口紅後，用面紙輕按雙唇拭去油分，使唇色更持久；棉花棒可用於擦拭畫出輪廓的部位，或將唇妝調整成自然質感。

# 腮紅的全基礎秘訣

簡單塑造凹凸有致的紅潤面頰

凸顯輪廓感的立體腮紅

只是簡單刷兩下腮紅，無法塑造出宛如天生的自然紅潤，掌握腮紅、亮光與陰影的顏色與形狀，才能修飾臉形的不足。結合恰到好處的暈染手法，使臉頰的色澤更健康，並在必要部位加入亮光與陰影，打造凹凸有致的緊緻輪廓。

## 腮紅的全基礎秘訣 086

# 腮紅、修容的運用
# 使臉頰呈現自然紅潤

上妝要點：腮紅、亮光、陰影

★ 打造自然紅潤的健康腮紅，掌握「適合的色調」、「適宜的位置」、「與表情自然融合」是成功的基本要點。

★ 一般情況下，用亮光色提亮眼下三角區，薄薄塗一層即可，否則容易顯得底妝厚重，且塗抹範圍不要超過眼尾，否則會使臉形看起來很大，眼睛反而小。

★ 無論哪種臉形，適度暈染，與周圍融合是法則。

## 【技巧1】掌握加入「腮紅、亮光、陰影」的基本區域

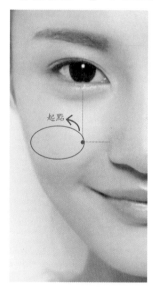 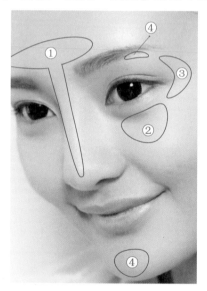 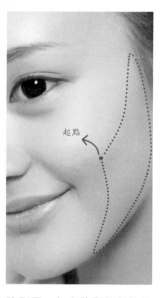

腮紅區域：從黑眼珠向下的垂直連線，與鼻翼的橫向延長線交匯點，是強調臉頰的最高位置，也是腮紅的起點，在這一點與微笑時顴骨最凸起的部位來回塗腮紅是基本方法。

打光區：基本打光區域包括「眼下三角區部位」及「臉部較凸出部位」，在視覺集中的打光區加入亮色，可以提升透明度，強調立體感。

①T字部位
②眼下三角區
③C字部位
④上光區

陰影區：加入陰影的起始位置，基本位於嘴角與太陽穴連線及顴骨下方凹陷處的交匯點，從這一點開始，向臉的周圍及下巴自然延展開，修飾輪廓。

## 【技巧2】 選擇腮紅的基本色調

腮紅的基本色調中，粉紅色不屬於自然的基礎色調，特別是打造裸妝時，看上去有好感的粉紅色反而會顯得妝容不自然。而富有光澤的蜜桃色，介於粉色與橘色之間，與肌膚的相容性較好，是不容易出錯的基本色，或用粉色與橙色混合，也能呈現自然好膚色。

偏粉色

偏橘色

## 【技巧3】 腮紅的顏色與印象

面對較多的腮紅顏色，選擇時以呈現健康氣色、與自身肌膚融合為原則，還要考慮與妝容變化及所要表現的個性氣質相協調，在化妝時結合希望展現的氛圍來挑選。

粉色：使膚色呈現柔和印象，打造粉嫩蘋果肌。

玫瑰色：顯色度較好，強調魅力的成熟女性氣息。

橘色：賦予雙頰明亮色澤，打造富有活力的健康妝效。

米色：最接近膚色的自然色，營造自然優雅的印象。

珊瑚色：帶給雙頰穩重與緊緻感，可作為陰影色使用。

莓紅色：凸顯沉穩與紅潤感，提升成熟女性魅力。

## 【技巧4】 腮紅與膚色

在臉頰營造白裡透紅的自然紅暈，腮紅顏色和自己膚色的搭配很重要，否則即使用法得當，也會顯土氣，白皙膚色較適合淺一些的粉桃色腮紅；象牙膚色適合珊瑚色腮紅；而偏深膚色則適合明亮的莓紅色腮紅。

## 【技巧5】 調整沾粉量

塗腮紅前，用沾取腮紅的粉刷在紙巾上輕輕地畫圈，將多餘的腮紅粉末擦掉，並使腮紅微粒在刷頭分布更均勻。如果塗淺色腮紅，在手背上打圈去掉多餘粉末即可。

## 【技巧6】 臉頰的心形區域

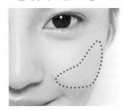

將微笑時顴骨最高處、太陽穴下方及耳部前側這三個位置自然銜接，在臉頰形成一個不規則的心形區域，按照這個區域在臉頰塗抹腮紅，可以提升自然血色效果與緊緻輪廓。

| 腮紅的基本類型 | 質地特點 | 基本用法 |
|---|---|---|
| 粉狀<br>（輕盈自然） | 常用的類型，質地輕薄，帶來柔和細膩膚質 | 搭配腮紅刷使用，塗抹範圍較好控制 |
| 膏霜狀<br>（滋潤服貼） | 油脂含量較高，顯色度和持久度較好 | 搭配粉撲塗抹，可以提升延展效果 |
| 液狀<br>（持久通透） | 油脂含量少，打造透明紅潤雙頰，效果持久 | 點塗在臉頰用指腹塗勻，控制暈染範圍 |

**珠光雙色腮紅**

**腮紅刷**

腮紅的
全基礎秘訣
**087**

# 畫圈暈開的手法
# 凸顯可愛的圓形腮紅

上妝要點：用畫圈的方式在臉頰刷出圓形

★ 保持微笑塗抹圓形腮紅，起點是顴骨的中央，以這一點為中心暈開腮紅，可以使人看起來更可愛。

★ 為了獲得自然般的紅暈，避免生硬，顏色不要塗得太均勻，中間要最紅潤。

## 1. 左右移動刷頭使內側沾足粉末

將腮紅刷左右來回移動沾取腮紅，使刷頭毛束的內側也能充分沾粉，一次沾充足，避免邊塗邊反覆沾粉造成妝感厚重。

## 2. 調整腮紅顏色後從中央開始刷起

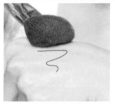

刷子沾取腮紅後，不要直接塗抹，先在手背上輕拂，調整腮紅顏色，並去除浮粉，然後以微笑時顴骨最高處為中心，上下左右移動刷頭，轉著圈將腮紅在臉頰暈開。

## 3. 用刷頭上的餘粉修飾出縱深輪廓

不須再沾腮紅，用刷頭上剩餘的粉末，從顴骨向額頭沿髮際線暈開腮紅，並輕輕從耳前向下巴滑動刷頭，強調臉部輪廓的縱深感。用刷頭剩餘的粉末淡淡修飾下巴，提升魅力感。

◆ **步驟細節：去除浮粉、淡開輪廓，避免塗抹過重**

為了避免塗抹的顏色過濃重，刷頭充分沾粉後，先在手背或紙巾上去除浮在表面的粉末，化腮紅後，用粉撲將腮紅輪廓與周圍膚色自然淡開，消除明顯邊界。

**腮紅的全基礎秘訣 088**

# 腮紅的四種基本畫法
# 不同形狀、不同妝效

上妝要點：用腮紅修飾臉部輪廓，呈現不同印象

★ 腮紅形狀如何變化，都要顧及正面、側面，只從正面看得到的腮紅，會減弱縱深感，側面也要同時暈出自然紅暈，才能顯現立體輪廓。

★ 基本上，腮紅形狀越圓，角度越平緩，顯得越可愛；越窄，角度越明顯，則顯得越成熟。

| 圓潤效果腮紅（可愛的圓形腮紅） | 自然效果腮紅（呈現優雅的月牙形腮紅） | 收斂效果腮紅（塑造精緻輪廓的心形腮紅） | 平行效果腮紅（突顯健康感的橢圓形腮紅） |
|---|---|---|---|
|  |  | 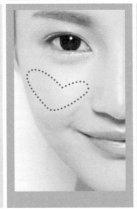 |  |
| 塗法：微笑時顴骨最高處向周圍呈圓形向外側塗抹腮紅 | 塗法：沿臉頰輪廓先從外向內塗，再呈橢圓形反向暈染的畫法 | 塗法：微笑時顴骨最高處、太陽穴下方及耳部前側三個位置的包含區域 | 塗法：沿顴骨輪廓，從臉頰至鼻部呈橢圓形平行塗抹腮紅 |
| 用色：選擇粉色、蜜桃色呈現甜美氣息 | 用色：選擇自然的米粉色提升優雅氣質 | 用色：選擇珊瑚色等偏深色修飾臉形 | 用色：用橘色系打造健康雙頰 |
| 臉形：比較適合倒三角形臉、長形臉，使輪廓看起來圓潤、不生硬 | 臉形：比較適合橢圓形臉、菱形臉，從視覺上強調出柔和印象 | 臉形：較適合圓形臉及方形臉，使臉形顯得更小巧 | 臉形：較適合長形臉和三角形臉，使輪廓看起來更富表現力 |

腮紅的
全基礎秘訣
**089**

# 角度暈開的畫法
# 展現成熟感的層疊式腮紅

腮紅刷

膏狀腮紅

上妝要點：用月牙形與成熟色打造層次感

★ 按膏狀腮紅→粉底液→蜜粉→粉狀腮紅的順序，運用層疊手法，可以使臉頰的紅暈自然通透，突出層次感。

★ 選用呈現成熟韻味的珊瑚色系腮紅，通過同色調腮紅與偏深色腮紅的顏色遞進，配合月牙形的暈染方式，在提升自然紅暈的同時，能修飾臉部輪廓，提升自然成熟的印象。

★ 含油脂的膏狀腮紅易造成花妝，塗粉底前要先清除肌膚表面的油脂。

## 1. 用指腹塗抹膏狀腮紅並去除油脂

在微笑時顴骨最高處下方塗抹珊瑚色膏狀腮紅，用指腹向下大面積推抹開，邊緣輕輕拍按均勻，接著用面紙輕壓，拭去多餘油脂。

## 2. 用粉底刷塗粉底液並用蜜粉定妝

用粉底刷由內向外推開粉底液，從中部向外側逐漸將粉底塗薄，不要使用膏狀粉底，容易使腮紅不顯色，再用粉撲輕壓蜜粉定妝。

## 3. 用粉狀腮紅呈月牙形暈染出層次感

用與〈步驟1〉的膏狀腮紅同色調的珊瑚色粉狀腮紅，從顴骨下方斜向上刷至髮際線，接著沾取偏咖啡色的粉狀腮紅，再從髮際線斜向下暈開，眼部下方與腮紅交界處，用亮粉色腮紅淡淡暈染，自然銜接腮紅與眼下膚色。

腮紅的
全基礎秘訣
**090**

# 橫向暈開的畫法
# 顯現透明的月牙形腮紅

漸層腮紅　　亮光蜜粉

上妝要點：由中部向外側自然淡開的透明腮紅

★橫向塗抹月牙形腮紅，可以修飾輪廓並提升甜美度，同時，運用強調中部的不均勻手法（膏狀、粉狀、珠光的不同質地之疊加），營造出立體而富有光澤的質感，使腮紅看起來猶如自身紅潤般，由內向外自然顯色。

★膏狀腮紅在粉底與蜜粉前塗抹，可以使顯色度更加自然，但為了避免粉底花妝，要用粉底刷或粉撲推粉底，不要用手塗抹。

## 1.成月牙形均勻塗抹粉色膏狀腮紅

用自然的粉色系膏狀腮紅呈月牙形塗抹在顴骨下方，並向周圍大面積地均勻暈開，使顏色與膚色融合，肌膚狀況較好的話，直接用指腹推抹開。

## 2.呈現橫月牙形塗抹深淺粉狀腮紅

用少量透明蜜粉定妝，壓去油脂，接著用與膏狀腮紅同色調的粉狀腮紅，在顴骨下方橫向呈月牙形大面積推開，接著沾取同色系的珠光腮紅刷在中央處打造立體效果。

## 3.眼部下方交界處用淺色自然過渡

用小一些的腮紅刷沾取少量淺粉色珠光蜜粉，在眼部下方與腮紅的交界處，小面積淡淡地暈染，自然銜接腮紅與眼部下方的膚色，同時消除眼周暗沉。

◆ 步驟細節：重疊塗抹閃亮的修容粉營造通透光澤

用指腹沾取少量含珠光粒子的修容粉或眼影，於塗抹腮紅的中央部位，向外側畫小圈塗開，使粉狀腮紅更顯通透，提升光澤感。

## 腮紅的 全基礎秘訣 091

# 用陰影修飾 塑造緊緻的臉部輪廓

陰影粉盒

陰影刷

上妝要點：一點點添加陰影讓臉形顯得更小巧

★ 用刷頭較大的陰影刷，先調整刷頭的用量，用較少的粉末暈染出自然陰影，並以輕輕滑過的方式在陰影區域添加顏色。

★ 為了讓輪廓側面、臉部與頸部的修飾更加自然，除了修飾輪廓線，下巴的頸部交界處不要疏忽。

★ 要避免妝感顯髒，陰影粉要選擇顏色自然些，且不含珠光的，用柔和的色調來營造立體感。

## 1.添加陰影效果的主要區域示意圖

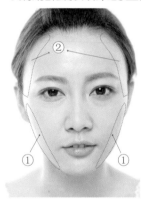

①：臉部輪廓線處是加入陰影的主要部位。

②：添加陰影的髮際線可以起到收緊輪廓的效果，向頸部用陰影色暈染過渡，讓臉部與頸部的顏色相協調，銜接更加自然。

## 2.由起點向臉頰側面小幅度掃陰影粉

輕咬牙，將食指沿臉頰凹陷處放置，指尖觸及的耳部前側就是加入陰影的起點，用刷子沾取陰影粉，在面紙上輕掃餘粉，從起點向側面小幅度呈放射線狀輕掃上陰影粉。

## 3.分別修飾臉頰外側輪廓與髮際線處

用陰影刷從起點開始，沿臉部輪廓一直刷至下巴，耳朵下方至下巴的輪廓線處也要輕刷上陰影，使臉部與頸部的顏色較為自然，最後從眉峰開始，沿髮際線小幅度移動刷頭掃至起點位置，修飾出緊緻的輪廓。

## 腮紅的 全基礎秘訣 092

# 以亮彩色自然修容 柔和地凸顯立體感

修容粉盒
修容刷

上妝要點：提亮必要部位令臉部輪廓更立體

★ 用修容粉提亮，顏色不要太白，會讓妝容看起來很不自然。可 以選擇含有細微珠光、與肌膚貼合度較好的修容粉，帶給妝容 細膩而柔和的光澤。

★ 使用刷頭尖端細一些的錐形刷，更容易打理細節部位。刷修容 粉時，不要用力按壓刷子，輕輕地在肌膚上輕拂，使修容附 著得更輕薄，光感才能更加自然。

亮彩珠光 腮紅

## 1. 添加亮光的臉部主要區域示意圖

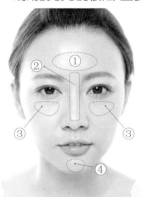

①額頭大範圍薄薄 添加亮光。

②自然提亮可讓輪 廓顯得更立體。

③消除眼部暗沉的 主要部位。

④下巴處輕輕掃上 修容粉，使臉部輪 廓線更明顯。

## 2. 調整修容粉的用量後由額頭向下刷

將刷子的兩面都沾取修容粉，在面紙上輕輕 抖去多餘粉末，調整用量，從額頭開始向下 輕刷，沿鼻樑一筆刷至鼻尖，使亮光由上向 下自然淡開。

## 3. 眼部下方呈放射狀輕揉地掃上亮光

換刷子的另一面，從眼角開始向顴骨方向， 呈放射狀刷上修容粉，提亮眼下三角區，消 除眼周暗沉，用刷頭的側面塗薄薄的一層， 使修容粉均勻淡開。

## 4. 小面積提亮下巴使妝容更顯立體

用刷子的前側部分，輕柔地在下巴中央處小 面積畫圈暈染，自然提亮下巴區域，使臉部 的輪廓線更加明顯。如果想要提升甜美感， 可以在塗抹腮紅的最後一步輕刷下巴。

腮紅的全基礎秘訣 **093**

# 利用光與影的效果
# 塑造立體的高挺鼻梁

上妝要點：用光與陰影塑造凹凸有致的立體輪廓

★ 即使原本鼻樑高，為了獲得整體妝容的協調感，額頭、眼下與下巴也要適度暈染，塑造立體妝感。

★ 選擇修容粉和陰影粉時，要結合質感與修飾部位不同進行調整，想要顯挺拔的部位，用珠光粉，而想要顯凹陷的部位使用亮彩粉。

★ 修容粉與陰影粉的顏色要避免過白或過深，即使塗厚了，也才不會顯得過於突兀。

## 1.從額頭向鼻梁刷上修容粉營造立體

從額頭中部開始呈圓形刷上亮光，塗過寬會顯得額頭扁平，範圍不要超過眉峰延長線，接著向眉間呈倒三角形刷向鼻樑，換小刷子細細地塗至鼻尖。

## 2.眼下用亮光、眉頭下方用陰影修飾

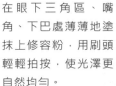

在眼下三角區、嘴角、下巴處薄薄地塗抹上修容粉，用刷頭輕輕拍按，使光澤更自然均勻。

從眉頭下方至眼角外側的鼻樑部位刷上深色粉底，淡淡暈染一層即可，可襯托出深邃眼窩。

## 3.鼻梁與鼻頭用深色粉底營造陰影

鼻樑兩側塗深色粉底，並與眉頭處的陰影自然銜接，利用光與影的對比，使鼻樑顯得挺拔，最後在鼻頭兩側輕輕帶過，強調立體感。

◆ 步驟細節：用光影效果呈現凹凸有致的立體妝容

只在鼻部修飾將顯得不自然，額頭、鼻梁、眼下三角區與下巴要整體用光影提升凹凸感，亮光與陰影要適度修飾，避免妝感過重。

# 消除常見的修容煩惱
# 讓五官細緻立體

用腮紅、陰影、亮光柔和強調出立體感

三色腮紅

## 用陰影色調整臉形煩惱

★下巴及額頭加入陰影修飾輪廓。　★通過收緊輪廓使臉部中央更顯立體。

**1.** 運用陰影色調整偏寬或偏長的臉形

在側面輪廓刷上陰影後，再沿輪廓線向內側刷一次，使臉部輪廓更柔和。在額頭上方（橫向不超過眉峰）與下巴處輕刷陰影，可以從視覺上縮短長度，使臉部輪廓看來更小巧。

**2.** 用粉色陰影強調顴骨，調整平淡的輪廓

沿顴骨的凹陷處輕刷偏棕色的陰影粉，一直刷至下巴根部，強調出顴骨的立體感，在額頭側面到髮際線部位加入陰影，塑造出立體妝感。

## 用柔和光澤提升立體感

★眉峰下方與眼角C字部位的亮光能襯托出明亮雙眸。　★於腮紅上重疊刷上亮光營造立體光澤。

**1.** 眉下與眼角的亮光提升眼部清晰度

在眉峰的下方，沿眉毛的生長方向輕輕刷上一層亮光，接着用刷子沿眼尾下方的C字部位塗刷，使眼部的輪廓更清晰。

**2.** 用與腮紅同色調的修容粉疊層塗抹

用腮紅刷在略高於顴骨的位置，以包裹住顴骨的方式橫向掃上腮紅，接著用與腮紅同色調的淺粉色修容粉以打圈的手法重疊刷上。

# 解決易出錯的問題
# 使修容更加立竿見影

巧妙運用修容技巧成功打造骨感十足的立體妝

**Q** 1.遮瑕效果不明顯，如何選擇適宜的遮瑕品？
A.妝前充分滋潤眼部肌膚，使遮瑕膏易與肌膚貼合。

要打造自然清透的腮紅，每次的用量不能多，沾取腮紅後先輕輕弄掉多餘粉末再暈染，避免一開始就上色過重，影響妝效。如果覺得腮紅不夠明顯，可以逐層疊加，提升通透感。腮紅過重時，用粉撲按壓薄薄一層散粉，簡單中和過重的色調。

**Q** 2.畫了甜美的圓形腮紅後，總覺得臉胖嘟嘟的？
A.一味塗圓形腮紅容易突顯缺點，應根據臉形適當調整刷法。

不同臉形要借助不同的腮紅技巧來揚長避短，一味塗圓形有時反而會突顯臉形上的缺點。對於胖嘟嘟的圓臉形，選擇後三角形畫法，從太陽穴開始上腮紅，並打圈暈開至顴骨處，再從太陽穴向上到額角處，修飾額頭，讓腮紅較深的顏色靠近臉頰外側。

**Q** 3.塗腮紅後感覺有些突兀，不自然？
A.一次塗抹到位容易造成顏色集結在一塊。

想把腮紅塗自然，最重要的就是寧缺毋濫，不要一次就塗抹到位。效果自然的腮紅，要通過輕柔地暈染出色彩變化，營造出最自然的紅潤感，否則就會破壞妝效，與整體妝容顯得不協調。適量並自然暈開的腮紅，才能令肌膚透出紅潤好氣色。

**Q** 4.刷上鮮亮的粉紅色系腮紅，但膚色看起來更得暗沉了？
A.選對色系並用無暇亮澤的底妝襯托出自然紅暈。

刷上明顯的腮紅，但感覺色調偏灰，妝容顯髒，一般是由於腮紅色不適合，應換用其他色調。除了腮紅的質地和顯色度很重要外，為了要讓粉色更淨透，底妝要無暇而亮澤，再畫上腮紅才能自然透出、呈現好氣色。

**Q** 5.選擇粉質細膩的腮紅，但很快就出現脫妝問題？
**Q** A.選擇質地潤澤的膏狀或慕斯狀腮紅提升服貼效果。

　　粉狀腮紅是最常用的類型，塗抹後效果自然輕盈，但在乾燥的季節，或對於偏乾性的膚質，為了提升腮紅的潤澤感與持久性，適合飽水性較好的膏狀或慕斯狀腮紅，水潤質地，塗抹後比粉狀腮紅更服貼，再薄薄塗上一層散粉或粉狀腮紅，呈現通透光澤，較不容易脫妝。

**Q** 6.薄薄地暈染後，感覺腮紅像浮在肌膚上，顯得不自然？
**Q** A.選用飽水度比較好的膏狀腮紅打底，再疊加上蜜粉或腮紅粉。

　　要想打造從肌膚透出般的自然粉嫩臉頰，用水潤亮澤的膏狀腮紅打底，手指沾少量腮紅膏後，輕輕地從笑肌向耳際慢慢層疊，笑肌中心略加強，讓顏色看起來更有層次，後再輕刷一層薄透的蜜粉，使紅暈自然透出肌膚。

　　想要加強腮紅的層次與顯色度，可以在笑肌上刷上含細膩珠光的粉色腮紅，塗抹範圍不要超出心狀腮紅。最後配合亮光與陰影修容，用光影效果製造臉部的立體輪廓。

**Q** 7.對粉紅色腮紅情有獨鍾，但塗抹後總顯得顏色過重？
**Q** A.用與膚色融合的顏色來打造柔和的腮紅。

　　粉紅色不屬於自然色調，塗抹後容易顯得突兀，特別是打造裸妝時，看上去很有好感的粉紅色反而會顯得妝容不柔和，而富有光澤的蜜桃色腮紅是百搭的基本色，不容易出錯。另外，要結合不同膚色來變換腮紅色，象牙膚色適合珊瑚色腮紅；而偏深膚色應使用明亮的玫瑰紅腮紅。除了選擇恰當的顏色，上腮紅時，應從顴骨最高點或略下方開始，再暈開。

**Q** 8.大面積暈染臉頰，妝容顯得平淡、缺乏立體感？
**Q** A.不要用平鋪的方法單純塗滿整張臉，應塑造自然淡開的紅暈。

　　腮紅暈染面積過寬不適宜在日常妝容中出現。新手往往存在一個通病：反覆修改，這裡補一點那裡修一點，結果越改越寬，顯得妝容又髒又亂。

　　暈染腮紅時不要塗抹得過於均勻。大面積平鋪，應逐漸向周圍淡開，使顏色自然暈渲開來是關鍵。從一個中心暈染開，將腮紅刷在顴骨最高處，並遵循從上到下的暈染順序。一般從太陽穴刷到臉頰兩側是最通用的法則。這個手法可以更好地控制粉刷，不會讓腮紅面積過大。

## 腮 紅 專 欄

# 基本工具使化腮紅簡單容易

### 打造自然紅潤與立體感的化妝品與工具

## 【腮紅】

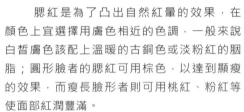

腮紅是修飾臉形、美化膚色的必備化妝品。

　　腮紅是為了凸出自然紅暈的效果，在顏色上宜選擇用膚色相近的色調，一般來說白皙膚色該配上溫暖的古銅色或淡粉紅的胭脂；圓形臉者的腮紅可用棕色，以達到顯瘦的效果，而瘦長臉形者則可用桃紅、粉紅等使面部紅潤豐滿。

　　粉狀腮紅是常用類型，質地輕盈，帶來柔和細膩膚質，一般搭配腮紅刷使用。

　　膏狀腮紅油脂含量高，顯色度和持久度較好，用於定妝前。

## 【修容粉】

用於修正臉形，讓臉部看上去立體，輪廓鮮明。

　　讓暈染亮光的部位看上去有浮出效果，一般會選擇白色調，可以含有細微珠光，與肌膚貼合度較好，主要用於鼻樑、顴骨、眉骨等突出部位的提亮。使用刷頭尖端細一些的錐形刷，更容易打理細節部位，刷亮光色調時，輕拂刷頭使光感更自然。

## 【陰影粉】

用於收緊輪廓，在鼻側，下巴處用柔和的暗色調來營造立體輪廓。

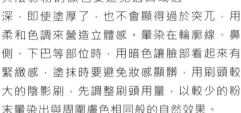

　　陰影粉一般選擇褐色系、米黃色系或棕色系，顏色要自然些，且不含珠光，修容粉與陰影粉的顏色要避免過白或過深，即使塗厚了，也不會顯得過於突兀，用柔和色調來營造立體感。暈染在輪廓線、鼻側、下巴等部位時，用暗色讓臉部看起來有緊緻感，塗抹時要避免妝感顯髒，用刷頭較大的陰影刷，先調整刷頭用量，以較少的粉末暈染出與周圍膚色相同般的自然效果。

## 【腮紅工具】

配合不同刷頭形狀，毛質柔軟的腮紅刷或陰影刷可以塑造出自然立體的輪廓。

　　畫好腮紅的必備品是腮紅刷。斜角刷頭適合營造雙頰的立體線條；大腮紅刷可以輕鬆渲染出自然紅暈；毛尖呈橢圓形的腮紅刷適用於所有腮紅。

◎ 腮紅刷

　　圓形的大刷頭可以輕鬆打造出自然、圓潤的紅暈，再用小化妝刷重複塗抹進行調整即可。選擇柔軟的山羊毛，且毛量密集的刷頭，暈染更輕薄、柔和。

◎ 修容刷

　　修容刷的刷頭最好選擇斜角或尖端細一些的橢圓形設計，用於鼻側、髮際線等局部，將修容粉打造自然的暗影效果，修飾輪廓。由於質地偏硬的化妝刷塗抹出的陰影感很不自然，容易出現色塊，所以要選擇刷毛柔軟的修容刷。

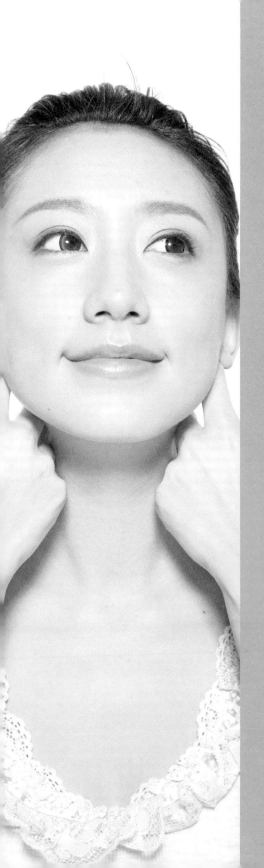

# 持久妝全基礎秘訣

不花妝、不脫妝、不暈妝

清爽不油膩的持久妝容

　　戶外、室內、季節變化，肌膚容易乾燥、出油，導致暈妝，脫妝，運用簡單而實用的「加固」手法，配合針對不同症狀的及時補妝，可以快速恢復臉部的清爽感，締造整日都不花妝的完美妝容。

持久妝的
全基礎秘訣
**096**

# 溫和喚醒肌膚活力
# 按膚質做妝前護理

上妝要點：針對不同膚質溫和保養肌膚

★根據膚質合理清潔不同部位，保持肌膚的水潤嫩滑，水油平衡，沒有污垢和乾燥，才能提升上妝效果。正常狀態的肌膚選擇弱酸性潔面乳可以減少對肌膚造成負擔，容易乾燥的肌膚早上只用冷水沖洗即可。

★一般情況下乳液的使用量不超過化妝水的用量，但如果感到肌膚非常疲倦或膚色暗沉時，就要加大乳液用量，或按乳液、化妝水、乳液的順序重複塗抹。

## 【技巧1】 根據不同部位的皮膚狀況正確清潔護理

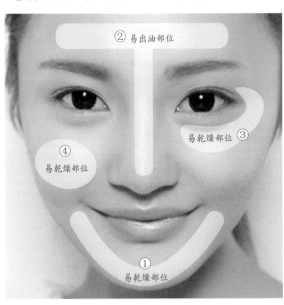

② 易出油部位

易乾燥部位 ③

④
易乾燥部位

①
易乾燥部位

①U字部位：取潔面乳稍加水充分揉出細膩泡沫，由於兩頰部位皮質分泌較少，容易乾燥，護理時不要用力揉搓，輕柔地以滾動泡沫的方式滑動清潔，之後用冷水沖淨。

②T字部位：乾性膚質有時也會感覺油膩，而T字部位的油脂分泌較多，潔面時要重點用指腹畫小圈清潔，特別是鼻翼兩側，用輕柔按摩的方式澈底去除毛孔中的多餘油脂。

③眼周：眼周的肌膚十分嬌嫩，清潔手法要輕柔。睫毛根部的細節處可以用棉花棒仔細擦拭，清除油污。

④臉頰：容易乾燥的部位，清洗時間不宜過長，以免導致肌膚水分流失。

## 【技巧2】 妝前的化妝水

偏油性肌膚，妝前使用具有收斂效果的化妝水緊緻毛孔。但是，如果護膚一開始毛孔就被收縮，會直接影響後續保養品的滲透及化妝品與肌膚的貼服度，最好先用化妝水面膜或清爽型保濕化妝水補水，再塗抹少量有收斂作用的乳液來收縮毛孔。

## 【技巧3】 妝前的保養品

早上使用的乳液、美容液等肌膚保養品，除了要具有補水保濕功效外，重要的一點是質地要清爽，如果使用晚間的一些較滋潤的強效保養品的話，其中的滋養成分容易對皮膚造成一定負擔，導致彩妝花掉或較快脫妝。

# 【技巧4】 肌膚感覺乾燥時的護理

潔面：手法輕柔，清洗時間不宜過長，以免導致水分流失，盡快地進行清洗，縮短潔面品在臉上的停留時間。

化妝水：將化妝水倒在手掌上，用雙手包裹住臉部皮膚輕輕揉搓，乾燥部位不要使用含酒精的收斂化妝水。

乳液：用指腹取適量乳液或面霜於掌中，輕柔塗抹於肌膚，特別乾燥的部位可反覆按摩、反覆塗抹。乳液或面霜中的保濕成分能將水分鎖在肌膚內。

# 【技巧5】 肌膚感覺出油時的護理

潔面：重點清潔鼻翼兩側，用指腹打圈按摩，將毛孔中的污垢清潔乾淨，使用微涼的溫水仔細清洗殘留泡沫。

化妝水：用化妝水浸濕化妝棉，在易分泌油脂的部位輕拍，皮膚薄且敏感的眼周要輕輕按壓促進水分吸收。

乳液：取乳液於手掌中，用手心包住臉頰輕輕揉搓，均勻地塗在臉上，使乳液可以均勻而輕薄地覆蓋肌膚，保濕而不油膩。

| 基礎護膚品的分類 | 使用特點 | 護理要點 |
|---|---|---|
| 化妝水<br><br>（具有調節肌膚功效）<br> | 化妝水通過肌膚角質層到達表層，不僅可以鎮靜皮膚表面，而且起到導入的作用，能夠幫助後續的化妝品（如精華液和乳液）更好地滲透皮膚 | 以輕輕拍按的手法塗抹化妝水，促進營養成分的滲透；對於乾燥膚質，可以用化妝水充分浸透化妝棉濕敷，提升滋潤效果 |
| 美容液<br><br>（具有穩定肌膚功效） | 早晨針對肌膚狀況，在塗乳液後，再塗抹一層美容液，粉刺部位可以用棉花棒塗抹調節水油平衡的美容液進行護理，通過穩定肌膚，使妝容保持清爽 | 上妝前用化妝棉沾取美容液敷臉1分鐘，能快速改善乾燥、細紋；上粉底前先塗美容液，能使粉底貼服、避免出油 |
| 乳液與面霜<br><br>（具有保濕鎖水功效）<br>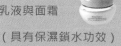 | 乳液的質地比面霜要薄一些，感覺更加清爽，因此，乳液比較適合夏季或偏油性的皮膚使用，而質地厚一些的面霜，更適合乾燥季節和中乾性皮膚使用 | 塗化妝水後要用乳液鎖住水分，加強持久保濕效果；將乳液與粉底混合，提升潤滑感。面霜不宜在上妝前使用，易花妝 |

| 肌膚的類型 | 肌膚特點 | 護理要點 | 含油分 | 含水分 |
|---|---|---|---|---|
| 乾性肌膚<br><br>（油性、中性肌膚） | ● 皮膚粗糙，上妝不均勻<br>● 兩頰脫皮，乾燥粗糙<br>● 洗臉後皮膚緊繃感明顯<br>● 眼周嘴角有明顯小細紋<br>● 皮膚無光澤，缺乏彈性 | 維持肌膚的水油平衡，不要過度清潔造成乾燥，潔面後用化妝水與乳液進行保濕護理 | ★☆☆☆☆ | ★☆☆☆☆ |
| 油性肌膚<br><br>（乾性、混合性肌膚） | ● 早晨額頭和鼻子出油<br>● 鼻翼黑頭粉刺明顯<br>● 肌膚粗糙，毛孔粗大<br>● 易長青春痘和粉刺<br>● 化妝後易脫妝 | 保持肌膚清爽及時清除臉部的多餘角質及油污，控制油脂分泌，避免堵塞毛孔 | ★★★★☆ | ★★★☆☆ |
| 混合性肌膚<br><br>（油性、中性肌膚） | ● T字部位和額頭易出油<br>● 兩頰肌膚乾燥<br>● 兼具有乾、油性皮膚特點<br>● 皮膚油脂分泌不均衡<br>● 毛孔只在鼻側、額際略明顯 | 乾、油部位分開清潔護理，乾燥部位著重保濕，定期分區做面膜，平衡水油 | ★★★☆☆ | ★★★☆☆ |
| 敏感性肌膚<br><br>（乾性、混合性肌膚） | ● 毛細血管明顯，有紅血絲<br>● 肌膚易受外界變化影響<br>● 使用保養品時，易紅易癢<br>● 皮膚質地輕薄<br>● 膚色不均，易留斑點和痘印 | 注重保濕。增加肌膚含水量和加強肌膚屏障功能，增強抵抗力，減少外界對皮膚刺激 | ★★☆☆☆ | ★★☆☆☆ |
| 斑點肌膚<br><br>（油性、中性肌膚） | ● 兩頰肌膚易乾燥<br>● 肌膚容易形成斑點<br>● 膚質較薄、膚色暗沉<br>● 皮膚油脂分泌不均衡<br>● 易敏感、泛紅 | 保濕、防晒是關鍵，及時補充易流失的水分，借助美白產品抑制黑色素的沉積 | ★★☆☆☆ | ★★☆☆☆ |
| 中性肌膚<br><br>（乾性、混合性肌膚） | ● 肌膚不偏油也不偏乾<br>● 膚質柔滑、富有彈性<br>● 肌膚紋理較整齊<br>● 毛孔細膩<br>● 膚色較好，容易上妝 | 水油平衡的中性膚質，一般不受護膚品的限制，可隨季節變化選擇偏油或偏乾的產品 | ★★★☆☆ | ★★★☆☆ |

## 持久妝的全基礎秘訣 097 早晨的妝前護理令妝容更持久服貼

保濕乳液

噴霧化妝水

上妝要點：清潔、化妝水、乳液

★ 夜間澈底清潔，早晨無須再使用潔面品，只要用溫水沖洗肌膚表面的油脂、用冷水收緊肌膚即可。

★ 用手心輕輕包住臉部，可以促進化妝水的滲透，使細胞「喝足水」，塗抹時要避免拍打，容易導致油脂更多的分泌，乳液的用量要少，否則會造成花妝。

### 1. 沖淨多餘油脂後塗化妝水與少量乳液

不使用潔面品，先用溫水沖淨肌膚表面的油脂，並用冷水收緊，接著用雙手輕柔塗抹化妝水和少量乳液。

### 2. 乾燥肌膚用化妝水面膜重點進行保濕

用美白化妝水充分浸透化妝綿敷在臉部，對於乾燥、晦暗部位，可以將化妝棉撕成薄片，浸透化妝水濕敷在局部，加強保濕、美白效果。

### 3. 容易出油的肌膚用噴霧化妝水護理

化底妝前，用噴霧型化妝水將整個臉部噴濕，用手心輕輕捂住臉部，促進滋潤成分滲透，補充水分，去除多餘油脂。

### 4. 用濕紙巾輕柔去除T字部位的多餘油脂

趁化妝水未乾前，用浸濕的面紙或柔膚濕紙巾，輕輕放在容易出油的T字部位，消除影響底妝的多餘油脂，使肌膚更加清爽、服貼。

**持久妝的**
**全基礎秘訣**

## 098

# 夜間的澈底卸妝
# 使肌膚恢復柔嫩清爽

上妝要點：清潔眼部、臉部的彩妝與油污

★ 卸妝品要根據妝容濃淡、防水性及膚質來選擇，才能在澈底卸妝後使肌膚恢
復爽潔，減少對肌膚造成傷害。

| 基礎卸妝品的分類 | 使用特點 | 護理要點 | 適合膚質 |
|---|---|---|---|
| 卸妝油<br>（適合<br>卸除濃妝） | 濃妝也能澈底清除，溶解彩妝的同時，還能深層清潔毛孔。適合油性皮膚使用。遇水即乳化成泡沫，卸妝後肌膚感覺滋潤 | 將卸妝油直接塗在乾臉上溶解彩妝，加少量的水推揉至出現白色乳化物為止，沖淨後再用潔面品清潔一次 | 油性膚質 |
| 卸妝乳<br>（適合<br>卸除淡妝） | 卸妝效果並非很澈底，適合卸除淡妝、非防水性彩妝。水油平衡性較好，質地清爽不油膩，同時有很好的保濕效果 | 沖洗臉部後，用化妝棉沾取卸妝乳滑過肌膚，如果化妝棉上有彩妝痕跡，應再用卸妝乳清潔一次 | 任何膚質 |
| 卸妝膏<br>（適合<br>卸除濃妝） | 含油性成分較多，可以澈底達到卸妝效果。稠稠的觸感可減少清洗時的摩擦。同時還能保持皮膚的水潤 | 上妝前用化妝棉沾取美容液敷臉1分鐘，能快速改善乾燥、細紋，塗美容液，能使粉底服貼、避免出油 | 乾性膚質 |
| 卸妝液<br>（適合卸除<br>非防水性彩妝） | 卸除非防水性彩妝或眼角、嘴角等妝容時使用，其中的油性成分能去除污垢並且不殘留油脂，不增加皮膚負擔 | 使用前要充分搖勻 | 任何膚質 |
| 眼唇卸妝品<br>（適合<br>局部卸妝） | 適合卸除非防水性彩妝。不含油脂，對肌膚的負擔小。搭配化妝棉使用時要輕柔，避免過度摩擦刺激肌膚 | 用化妝棉沾取卸妝品蓋在眼部或唇部溶解彩妝，再輕輕擦拭，細節部位用棉花棒沾取卸妝品卸除殘留油污 | 任何膚質 |

## 1.用卸妝液充分溶解彩妝並擦拭乾淨

用化妝棉沾取眼唇部專用卸妝液，卸妝時，將化妝棉夾在手指上，便於溶解睫毛根部與眼窩處的彩妝。

用浸濕的化妝棉敷在睫毛、眼線等化彩妝的位置，待幾秒鐘卸妝液將眼部、睫毛的妝充分溶解後，用乾淨的化妝棉輕輕擦拭。

## 2.卸妝乳與泡沫潔面乳兩次清潔肌膚

用臉部卸妝乳以畫圈的方式充分溶解彩妝，再用泡沫潔面乳清潔，用手指以滾動泡沫的手法輕柔帶走彩妝與污垢，然後用溫水反覆沖洗乾淨。

## 3.用化妝水充分滋潤並再次清潔肌膚

以浸透足量化妝水的化妝棉輕輕擦拭肌膚，補充水分，並再次清潔臉部殘留的污垢。

## 4.用化妝水與乳液使肌膚恢復彈性

用浸透足量化妝水的化妝棉濕敷臉部2～3分鐘，緩解潔面品造成的乾燥，使細胞「喝足」水分變飽滿，接著由下至上以輕提肌膚的方式邊按摩邊塗抹乳液保濕。

## 5.眼部用美容液著重進行按摩護理

眼部肌膚脆弱，用美容液輕輕點塗在眼周，並用指腹輕柔按摩，使滋養成分能充分滲透吸收，避免色素沉積或形成小細紋。

◆ 步驟細節：卸底妝是保持肌膚健康的前提

即使沒有化濃妝，只要塗抹具有修飾膚色功能的隔離防晒霜、妝前乳等化妝品後，也要用卸妝品仔細卸乾淨。根據妝容濃淡程度可重複眼部的卸妝步驟，直至完全卸除乾淨。

持久妝的
全基礎秘訣
099

# 及時應對突發問題
# 使上妝效果更持久

妝前針對突發的肌膚問題進行特殊護理

---

## 肌膚感覺特別乾燥、粗糙

★ 化妝水充分浸透化妝棉。　★ 全臉敷2～3分鐘滋潤乾燥肌膚。

### 1. 化妝棉充分吸收化妝水後撕成單層

用充分吸取化妝水的化妝棉（輕輕按壓化妝棉讓水分均勻吸收），將化妝棉從中間撕成薄片，提升服貼度。

### 2. 充分浸透化妝水後敷全臉二至三分鐘

化妝棉吸水要充分，撕開後單層要呈透明狀，然後分別將化妝棉貼合緊密於整個臉部、額頭、鼻部、眼下、唇周、臉頰。

---

## 毛孔粗大、鼻部肌膚粗糙

★ 用指腹以畫小圈的方式仔細清潔。
★ 每周做1～2次毛孔的重點清潔。

取毛孔清潔產品，用力度最小的無名指畫圈按摩毛孔部位。重點在清潔鼻翼，去除毛孔內殘留的皮脂與多餘角質。

## 晒後肌膚乾燥不易上妝

★ 日晒後要及時進行清潔與冷卻。
★ 用噴霧化妝水與面膜補充水分。

用美白潔面品清潔肌膚後，做面膜深層補水，上妝前，用噴霧化妝水距離肌膚20公分處噴上化妝水，鎮靜曬後肌膚，使肌膚變滋潤。

## 浮腫使臉部輪廓顯大

★ 水分代謝不暢通，就容易出現臉部浮腫，使臉型顯大，特別是早上，利用按摩消腫，促進毒素的排出，妝容才能緊緻、持久。

★ 彎曲食指沿臉部淋巴走向按摩，促進排除水分與毒素。

### 1. 彎曲食指由內向外按摩臉部與下頜

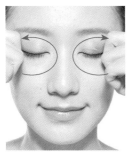

食指彎曲，用第一、第二關節間的部位按摩，用大拇指與彎曲的食指夾住下頜以提拉的方式按至耳部下方，再從臉部內側向外按，眼部沿眼眶畫圈按摩。

### 2. 沿輪廓線向下推按至鎖骨促進排毒

從耳部下方開始，用手掌沿臉周與頸部的輪廓由上向下慢慢地推按，促進淋巴液的流動，一直按至鎖骨，並用指腹按壓鎖骨周圍。

## 睡眠不足出現黑眼圈

★ 由於睡眠不足導致眼部的血液循環不通暢，出現黑眼圈，光靠基礎護膚無法解決，用眼霜配合按摩可以有效緩解暗沉。

### 按摩順序：眼尾→眼角→眉下→鬢角

在眼周塗抹眼霜，從眼尾向眼角沿下眼眶的凹陷部位按壓，一直按至眼角處，眉頭下方略用力按，再沿上眼眶按至眼尾，直至鬢角。

## 肌膚容易出油導致脫妝

★ 透過冷卻肌膚來快速抑制油分。

★ 適用於收縮毛孔、改善粗糙。

### 用冰袋快速冷卻肌膚使肌膚更清爽

在塑膠袋中放入冰塊和涼水，綁好袋口，放置在T字部位等容易出油處冷敷片刻，也可以用冰袋或冰鎮過的濕毛巾來冷卻。

持久妝的
全基礎秘訣
**100**

# 調整肌膚柔嫩度
# 使妝容更服貼

經常敷適合肌膚狀態的化妝水面膜

## 用化妝水面膜調整膚質

★ 充滿水分的彈性肌膚使妝容持久。　★ 可以使用大面膜紙或大化妝棉。

**1.將化妝棉浸濕後倒上充足的化妝水**

將面膜紙從中部橫向剪開，用清水浸濕，並用雙手輕按，在濕潤的面膜紙上倒充足的化妝水，如果用大化妝棉的話，要從中間撕成單層再使用。

**2.分上下部分貼在臉部後敷二至三分鐘**

將浸透化妝水的面膜充分展開，分別貼在臉部的上下處，臉周也要用手按緊實，敷2～3分鐘後再拿掉面膜紙，用雙手手掌輕壓肌膚，促進吸收。

## 消除唇部的乾紋與暗沉

★ 去死皮前先用毛巾熱敷，軟化乾皮。　★ 上妝前要用面紙去除多餘油分。

**1.熱敷唇部後用磨砂膏輕柔去死皮**

用熱毛巾敷唇部2分鐘，軟化乾燥的表皮，輕抿嘴唇，使唇部肌膚展開，用指腹取磨砂膏輕揉畫圈按摩雙唇。

**2.塗護唇膏滋潤唇部並用面紙吸油**

用毛巾擦拭掉磨砂膏，再塗抹護唇膏，用指腹邊按摩邊塗抹開，以充分滋潤。最後將上下唇用面紙上抿一下，去除多餘油分，便於化唇妝。

**持久妝**的
**全基礎秘訣**
# 101
# 用按摩來通透促進
# 血液循環與排毒

用按壓、滑動按摩等手法促進排除老廢物質

## 基礎護理時的排毒按摩

★塗抹乳液後再按摩更容易順滑。　★由內向外、由下至上是基本手法。

### 1. 按摩額頭兩側與耳部前後側促進排毒

用大拇指抵住顴骨外側，四指輕柔地從額頭中部向兩側按摩至髮際線，用食指與中指抵住耳部前後位置，上下輕揉耳周，促進排除老廢物質。

### 2. 分上下兩部分貼在臉部後敷二至三分鐘

手指分開包住頭部，指尖要觸碰到頭皮，從額頭略用力按壓至頭頂，接著用指腹以震顫的方式按壓鎖骨周圍。

## 消除浮腫、提亮膚色的妝前按摩

★基礎護理後上妝前的排毒、消腫按摩，促進水分與老廢物質的代謝。

### 1. 分別沿顴骨輪廓與眼眶部位輕柔按壓

用四指指腹沿顴骨輪廓，由內向外輕柔地滑動按摩，接著輕彎手指，沿眼眶凹陷處輕壓，促進眼周的血液循環。

### 2. 按眼角→眼尾→髮際線的方向按摩

用指腹由眼角向眼尾，沿下眼眶點按，改善眼周暗沉與腫眼泡，接著從眼尾向髮際線滑動提拉按摩，促進排毒。

持久妝的
全基礎秘訣

**102**

# 春夏防出油技巧
# 造就清爽的薄透妝容

適合春夏季肌膚，消除妝容的油膩感

---

## 底妝要分區控油、保濕

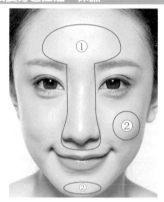

①額頭與鼻部是油脂分泌旺盛的部位，打底時應選擇可以抑制油脂分泌、吸收過剩油分的化妝底液控油。

②臉頰與下頜部位是較乾燥的部位，容易出現浮粉，應塗抹含美容成分的保濕型底妝產品滋潤肌膚。

## 使臉頰的紅潤更亮麗持久

★粉狀腮紅容易因油脂分泌導致脫妝，膏狀與粉狀疊加不易脫落。

### 塗抹膏狀腮紅後再重疊暈染粉狀腮紅

化粉底後，用指腹將膏狀腮紅點塗在臉頰部位，用輕拍的手法向周圍自然暈開，然後再薄薄塗抹一層同色調的粉狀腮紅，通過疊層暈染，加固腮紅。

---

## 避免日晒導致底妝脫落

★用光感控油粉底液平衡油脂分泌。　　★用輕輕拍按的手法提升貼合度。

### 1.用粉撲以輕拍的方式塗液體粉底液

將輕柔液體配方的光感控油粉底液搖勻後擠在粉撲上，以輕輕拍按的方式塗抹全臉，再用乾淨的粉撲輕壓，吸拭肌膚表面的油脂，使粉底更貼合。

### 2.眼下塗遮瑕液並用散粉提升清爽感

眼周的肌膚容易乾燥脫妝，使用保濕效果較好的遮瑕液進行遮蓋，最後用散粉加固底妝，易出油的鼻翼周圍輕壓貼合。

## 防止汗液導致妝容脫落

★為了避免底妝因汗水花掉，出現不均勻的痕跡，不塗抹粉底液，用防晒底乳與具有潤色作用
的米色系散粉可以提升持久性。

★眉部毛孔較粗大，畫眉前先塗上一層粉底，才能更好地防止脫妝。

### 1.用防晒底乳、遮瑕霜與散粉化底妝

全臉塗抹防曬底乳，用黃色系遮瑕霜重點遮蓋
眼部下方的暗沉部位，接著直接用粉撲輕薄塗
抹米色系的散粉（不塗抹粉底液），修飾膚色
並定妝。

### 2.塗抹粉底後搭配使用眉筆與眉粉畫眉

上底妝後，用粉撲沾取少量粉底或散粉輕壓
眉周，遮蓋眉部的毛孔，先用眉筆細細地描
線填補毛髮稀疏部位，再用眉粉薄薄地暈染
眉色，髮根處也要均勻填補上顏色。

## 強調貼合度的日間底妝

★早晨的妝容，要避免日間泛油光或脫妝，就要運用珠光與光感飾底乳的搭配，配合輕薄的粉
底液與散粉，強調底妝的持久貼合度。

★運用按壓手法，是使粉底更輕薄服貼肌膚的關鍵。

### 1.珠光與光感飾底乳修飾不同部位

用指腹從臉頰開始薄薄塗抹質地水潤的珠光
底乳，易出油的T字部位使用光感飾底乳可以
有效避免泛油光，眼周與鼻翼輕拍上遮瑕膏
修飾不均勻的膚色。

### 2.「輕輕拍按」手法薄而均勻地打底

粉底液只要薄薄塗抹一層，易脫妝部位，用
指腹輕輕拍按均勻，消除色塊，最後用粉撲
以按壓的方式塗上散粉，可以有效避免浮
粉。

持久妝的
全基礎秘訣
**103**

# 秋冬防乾燥技巧
# 打造水嫩的持久妝容

結合秋冬肌膚易乾燥的特點調整妝容滋潤感

## 防止唇部乾紋導致唇妝脫落

★ 乾燥的季節唇部肌膚易乾裂、脫皮，唇膏卡在乾紋中，顯得粗糙不順滑，通過妝前護唇，消除死皮與乾紋十分重要。

★ 沐浴後，唇部肌膚變柔軟，適合進行唇部去死皮的護理工作。

### 1. 順著唇紋充分塗抹護唇膏並畫圈按摩

潔面後，用質地濃稠的護唇膏塗抹雙唇，塗時將嘴唇張開，縱向順唇紋充分塗上護唇膏，接著用指腹畫圈按摩，使護唇成分滲透肌膚。

### 2. 用毛巾熱敷唇部並輕輕地擦除死皮

待護唇膏充分軟化乾皮後，用熱毛巾敷在唇部半分鐘，再用毛巾輕輕擦拭，去除浮出的死皮，使雙唇恢復柔嫩感。

## 避免溫差導致底妝浮粉

★ 從寒冷的室外到溫暖的室內，溫差的變化易導致出油，使底妝浮粉。這時，補妝前要先用化妝水噴霧補充肌膚水分。

★ 選擇保濕效果較高的滋潤型化妝水針對浮粉部位補充水份是關鍵。

### 1. 用保濕化妝水著重修復浮粉部位

全臉用保濕化妝水噴霧後，在浮粉部位重複噴霧，接著用面紙輕按浮粉處，吸除多餘油分，其他部位以指腹輕按促進滋潤成分吸收。

### 2. 用少量粉底修復不均勻的脫妝部位

噴上化妝水後，浮粉部位的底妝容易出現不均勻的色塊，用粉撲沾取少量粉底輕輕按壓塗抹，使妝容重現均勻質感。

**防止局部乾燥造成脫妝**

★ 多風的季節，雙頰、鼻部的肌膚容易乾燥脫妝，外出前，要針對局部使用美容液提升肌膚的保濕力，使底妝能抵抗外界的影響。

★ 用輕輕拍按的手法塗抹少量美容液，充分滋潤易乾燥的肌膚。

1. **用指腹在雙頰與鼻部輕輕拍按美容液**

上粉底後，用指尖沾取少量保濕美容液塗抹在容易乾燥的雙頰與鼻部，並用指腹輕輕拍按，促進保濕成分的滲透吸收。

【秘訣】用輕拍的手法塗抹美容液可以避免破壞畫好的妝容，再重疊塗抹粉底，加固底妝。

2. **在塗美容液的部位使用粉底液或散粉**

用粉撲沾取少量粉底液或散粉，在塗抹美容液的部位重疊進行修補，鼻翼與鼻頭的細節處，用粉撲的折角輕按均勻。

**提升肌膚的柔嫩度防止脫妝**

★ 秋冬氣溫偏低，肌膚的鎖水功能降低，膚質變乾硬，底妝容易出現不均勻的色塊，護理時，要反覆塗上化妝水、乳液，使滋潤感更持久。

順序：化妝水→乳液→化妝水→乳液反覆塗

護理時，先塗抹美容液，再將化妝水置於手心中，雙手對揉後，用手掌包住全臉塗開，接著用同樣的手法塗抹乳液，並按化妝水→乳液→化妝水→乳液的順序反覆塗抹3回。

**改善乾燥嘴角的堆粉狀況**

★ 乾燥季節嘴角變乾燥、易堆粉，應使用質地偏厚的棒狀粉底修補。

**輕拭脫妝的嘴角部位，再用棒狀粉底修補**

嘴角推粉時，將面紙纏在手指上，輕拭推積的粉底與溢出的唇彩。用力擦拭會導致唇部脫皮。接著用舌尖頂鼓嘴角部位，用指腹沾取少量棒狀粉底，從嘴角沿輪廓塗抹，修補底妝。

## 持久妝的 全基礎秘訣 104 局部快速補妝 使整體妝容保持完美

針對鼻部、眼部、臉頰等易脫妝處的補妝術

### 鼻部出油導致毛孔變明顯

★ 鼻周的油脂分泌過剩，導致遮蓋的毛孔、黑頭粉刺又變明顯時，先用吸油面紙清除多餘油脂，再直接塗抹遮瑕膏，可以快速修補。

★ 塗軟硬適中的遮瑕棒後，用指腹拍按可以防止脫妝。

#### 1. 將吸油面紙纏在手指上仔細擦拭鼻子周圍

用吸油面紙或面紙輕輕按壓油脂分泌過剩的鼻周，去除多餘的油脂，擦拭時將紙巾纏在手指上，可以更好地拭去鼻翼細節部位。

#### 2. 直接塗抹遮瑕膏後用指腹按壓均勻

在脫妝的鼻周直接塗抹遮瑕膏。棒狀的遮瑕膏質地軟硬較適中，補妝時也更便捷，接著用指腹按壓，使遮瑕膏貼合更均勻，避免厚重。

### 修補泛油光的鼻部底妝

★ 化好底妝後，過沒多久鼻部就開始泛油光，補妝時要先用吸油面紙去除油脂，再用粉底液與珠光蜜粉打造自然光澤。

★ 容易出油脫妝的鼻部，上粉底前先塗抹光感控油底乳抑制油光。

#### 1. 用海綿塗抹少量粉底液避免厚重

先用吸油面紙吸除T字部位的多餘油脂，用粉撲沾取少量粉底液塗抹在泛油光的部位，鼻部豎著塗、額頭橫向塗，打造出光感質感。

#### 2. 用珠光蜜粉提升出油部位的光澤

用刷子在塗抹粉底液的部位刷上一層含有細微珠光粒子的蜜粉，利用細膩的珠光營造出自然亮光效果，修飾油光。

## 改善眼周的暈妝與脫色

★眼部周圍是較容易暈妝、脫色的部位，用刷頭較細的遮瑕筆可以輕鬆修正睫毛邊緣，明亮的顏色也能快速提亮眼瞼。

★用遮瑕液作為眼部底妝，可以避免層疊塗抹粉底液導致厚重。

### 1. 去除污漬後沿下眼瞼邊緣塗遮瑕液

用棉花棒左右移動仔細擦拭睫毛下方的眼瞼邊緣部位，去除油污，用遮瑕液沿眼瞼邊緣描畫上明亮的顏色。

【秘訣】色澤明亮的遮瑕液適合修正眼瞼邊緣，邊緣小幅度地左右移動刷頭描畫是重點。

### 2. 暈開遮瑕液後塗抹珠光眼影提升光澤

用乾淨的棉花棒將塗抹的遮瑕液推抹均勻，作為眼部底妝，接著用小眼影刷沿眼部輪廓暈染上窄一些的珠光眼影，襯托出明亮眼眸。

## 修補眼周乾紋導致的花妝

★眼周細紋會造成粉底脫落，補妝的重點是保濕與提升光澤。

### 按眼尾→眼角→眉下→鬢角的順序

在眼周脫妝處塗抹凝膠狀的保濕眼霜，接著沿眼袋由內向外塗抹遮瑕液，最後輕輕掃上一層透明蜜粉提升光澤感。

## 修補臉頰斑駁不均的底妝

★臉頰毛孔造成底妝變得不均勻，用乳液溶解底妝後再用粉餅補妝。

### 卸掉臉頰底妝後按壓少量粉餅來遮蓋

化妝棉沾取滋潤乳液輕拭臉頰，卸掉底妝。肌膚乾燥時，用化妝水面膜濕敷雙頰補充水分，再用粉撲輕按少量粉餅，遮蓋毛孔。

持久妝的
全基礎秘訣
**105**

# 針對脫妝問題
# 及時恢復妝容清爽感

沒有時間卸妝時，臉部各部位快速補妝技巧

## 輕度出油花妝的快速修補

★ 輕度脫落、花掉的底妝，補妝時不要直接塗抹粉底，先用面紙吸除多餘油脂，再輕薄地塗上蜜粉，可以避免妝容厚重。

★ 用指腹快速消除不均勻的色塊，既簡單又有效。

### 1. 輕抹花妝部位消除不均勻的色塊

T字部位、眉部、鼻翼是較容易因出油導致花妝的部位，用指腹輕抹花妝部位，消除不均勻的色塊，使脫妝部位與周圍妝容融合。

### 2. 吸拭多餘油脂並在臉部中央塗散粉

將面紙對折，分別覆蓋在臉部兩側，用手輕輕按壓，吸拭肌膚表面浮出的多餘油脂，後用粉撲以T字部位為中心，邊輕按邊薄薄塗上一層珠光蜜粉，鼻翼的細小處要仔細塗勻。

## 底妝重度脫妝時的補妝

★ 全臉大面積的明顯脫妝，要用乳液擦拭後再重新塗上粉底與蜜粉。

### 1. 用濕粉撲沾取乳液溶開花掉的底妝

用化妝水浸濕化妝棉，然後用濕棉片沾取足量的乳液擦拭脫妝的部位，使粉底溶開，接著重新塗上粉底霜。

### 2. 將粉底推開並用蜜粉打造透明質感

用海綿將重塗的粉底均勻推開，與周邊的底妝自然銜接，最後用粉撲薄薄塗上一層透明蜜粉，恢復底妝的透明感。

## 重新塗眼影的補妝技巧

★ 臨時補化眼妝，不要用卸妝液卸除眼影，容易對眼部肌膚造成損傷，最好用乳液來溶
解眼影，並使後續的眼影更服貼。

★ 重新塗抹眼影前，要先用粉底或遮瑕膏提亮眼瞼，使眼影顯色。

### 1.用乳液溶解眼影後用濕紙巾輕拭殘妝

用棉花棒沾取乳液，左右移動輕輕擦拭脫妝
部位，溶開眼影，接著用浸透化妝水的紙
巾，避開睫毛根部將殘妝擦除。

【秘訣】用化妝水浸濕面紙來擦拭是要點，勿使用
卸妝濕紙巾，容易擦掉塗好的睫毛膏。

### 2.用散粉與粉底液為眼部打底並提亮

用粉撲沾取少量透明散粉輕按眼部打底，再
用指腹沿睫毛邊緣塗抹粉底液或顏色明亮的
眼部遮瑕膏提亮，最後重新塗上眼影。

## 一分鐘修補易暈妝的眉部與眼部

★ 眉部與眼部暈妝，補妝時不用卸掉重塗，看似
簡單的手法就能解決。

### 針對眉部、睫毛、眼部的快速修復

用吸油面紙拭去多餘油分再填補上眉色，修復塌
下來的睫毛時不要用睫毛夾，會夾掉睫毛膏，用
電熱睫毛器從睫毛下方上抬，使睫毛恢復上翹。
眼部用棉花棒沾取乳液輕拭出油部位；上眼瞼如
眼影堆粉，用指腹抹勻不再補塗眼影。

## 修補出現不均勻色塊的唇妝

★ 如果直接塗唇膏會加速脫妝，先用
潤唇膏溶開不均勻唇色是正解。

### 輕拭脫妝的嘴角部位再用棒狀粉底修補

用指腹塗上足量的潤唇膏，待護唇成
分浸透唇部後，用手輕揉，揉開結塊
的唇膏，再用棉花棒輕輕擦拭，重新
塗抹唇膏。

持久妝的
全基礎秘訣
**106**

# 提升妝容服貼度
# 打造會呼吸的持久妝

用輕薄的化妝手法打造持久清爽的透明妝容

## 薄透的清爽底妝提升持久度

★為了提升妝容的持久度，用拍按及暈開的手法，順肌膚紋理均勻塗抹，使粉底像一層薄膜般附著於肌膚，不易脫落。

★油脂分泌過多是脫妝的主要原因之一，用海綿吸拭是重要環節。

### 1.由臉部內側開始均勻塗抹妝前底乳

將保濕妝前底乳置於手背，邊用指腹沾取適量邊由內向外塗開，保留臉部輪廓處暫時不塗，上眼瞼與鼻翼部位也要均勻塗抹。

### 2.重疊塗抹粉底液後向輪廓部位延展

用指腹在塗底乳的部位重疊推開粉底液，由內向外呈放射狀輕薄塗抹開，接著向臉部輪廓處延展開粉底，使外側的底妝更輕透。

### 3.塗抹細節部位並用粉撲拍按貼合

上眼瞼與鼻翼以輕按的手法塗抹粉底液，接著用粉撲拍按全臉，使粉底融合的同時，消除不均勻的色塊，並拭去浮出的油分。

### 4.將粉底推開並用蜜粉打造透明質感

用粉撲的折角調整眼周、鼻翼處的粉底，上下眼瞼輕輕滑動粉撲將粉底塗勻，最後用面紙包住粉撲，按壓易出油脫妝的部位，去除多餘油脂。

### 用適量散粉打造持久透明底妝

★ 選擇帶有細微珠光粒子的蜜粉，可以輕鬆營造出透明質感，塗抹前要先在手背上調整用量，避免塗抹過多影響底妝的透明度。

★ 容易脫妝的部位要著重用粉撲輕輕按壓，提升粉末與肌膚的貼合度。

1.塗薄薄一層蜜粉營造出透明的妝效

用粉撲沾取蜜粉後先在手背上調整用量，避免散粉塗抹過厚導致底妝浮粉、不通透，從臉部中央開始滑動粉撲至輪廓處。

2.以粉撲折角重點按壓容易脫妝的部位

用食指抵住粉撲的中部，用窄面輕輕按壓容易脫妝的鼻翼、嘴角、眼周及鼻部下方的細節部位，使蜜粉與肌膚更緊密貼合。

### 夾層式塗抹唇膏避免脫色

★ 通過反覆「塗唇膏」、「吸油分」的手法，可以使唇色更加持久。

塗唇膏的過程中加入吸除油分的環節

用唇刷沾取唇膏沿唇部輪廓塗抹，用面紙輕按雙唇吸除多餘油分，接著再塗抹一層唇膏，反覆操作幾次，加固唇色。

### 明亮色遮瑕液營造持久光感

★ 遮瑕液的光澤質感使眼部的光感更加集中，輕鬆修飾眼周暗沉。

上下眼瞼呈放射狀塗抹遮瑕液並均勻暈開

在手背上調整遮瑕筆刷頭的用量，以眼部為中心，分別呈放射狀在上下眼瞼描畫幾條線，用指腹將遮瑕液均勻推抹開，提亮眼周。

◆ 步驟細節：脫妝時用不同質地的粉餅補妝

脫妝部位的油脂用噴霧溶開，並用面紙拭去浮起的殘妝，使肌膚恢復清爽，接著在鼻翼周圍使用光感系粉餅，在易脫妝的眼下三角區重疊塗抹含細膩珠光的光澤粉餅，更顯立體。

**持久妝的
全基礎秘訣**
**107**

# 強調妝容的附著力
# 呈現柔和的貼膚裸妝

上妝要點：深淺BB霜與眼影提升自然感

★ 妝前的保濕護理是提升妝容附著力的前提，表情的變化也不會導致脫妝。

★ 不使用粉底，選擇淺色BB霜輕薄塗抹在臉部與眼周，使妝效更自然。

★ 眼部要注重細節的處理，用粉色與棕色柔和搭配自然塑造出立體輪廓，睫毛
要塗得根根分明，近距離也不用擔心。

## 1. 上妝前的保濕護理提升底妝貼合度

用化妝棉浸濕足量的保濕化妝水按壓臉部，特別是易乾燥的臉頰、眼下、嘴周要反覆按壓，用面紙輕拭肌膚表面多餘的水分，防止脫妝。

## 2. 臉部與眼下分別使用深淺色BB霜打底，提升貼妝力

選擇貼妝效果好的、接近膚色的BB霜，先用手指溫熱霜體，再從臉頰開始滑動推抹開，眼下重複塗抹淺色BB霜提亮。

## 3. 棕色與粉色眼影營造柔和的裸效眼妝

在整個上眼瞼用指腹塗抹粉色系眼影作為底色，用棕色系眼影塗抹雙眼皮部分，眼尾處稍微向上提拉，塑造柔美輪廓。

## 4. 用按壓的手法塗抹膏狀心形腮紅後補上蜜粉，提升圓潤感

用指腹沾取膏狀腮紅點塗在顴骨處並輕輕按壓向周圍自然延展開，再用粉撲沾取蜜粉在臉部塗薄薄一層定妝，提升透明感。

# 締造亮澤的立體裸妝
# 一整天臉龐清新透亮

上妝要點：用薄透底妝與細膩珠光塑造不做作的清透妝

★ 妝前底乳只須要塗抹在眼下三角區，避免上粉底後顯得妝感厚重。

★ 先橫向再縱向暈染腮紅，自然強調出立體紅潤，選擇粉紅色凸顯甜美感。

★ 眉部的細膩光澤與眼下、T字部位的柔和亮光，可消除眼部暗沉，打造出陰
　影效果，使整體輪廓更自然立體。

1.眼下塗妝前底乳，再塗一層薄薄粉
　底液

只在眼下三角區塗抹有控油效果的妝前底乳
修飾暗沉，避免全臉塗抹導致妝感厚重，塗
粉底液前，先用手掌加熱，使底妝與肌膚更
貼合。

2.用適量散粉輕柔塗抹一層來定妝，
　使妝容更透明

用刷子沾取適量散粉，先在瓶口調整用量，後
由臉頰開始大面積塗抹一層，營造透明感。

3.臉頰上方塗抹T形腮紅，強調立體
　臉頰

選用粉紅色系的腮紅，先用刷子在臉頰上方
橫向輕掃，再縱向塗抹，形成T形立體腮紅。

4.打造微微閃亮的溫柔眉色與扇形睫
　毛，提升眉部與睫毛的柔美感

選擇含細膩珠光粒子的閃亮棕色系眉膏，填
補上眉色，配合金棕色珠光眼影，細微的閃
光營造出溫柔質感，用睫毛膏著重塗抹眼角
與眼尾，打造出自然扇形效果。

# 基本化妝品
# 日常保養與收納

如果不重視化妝用品具的管理，
將影響妝效，並容易損傷肌膚。

## 【粉撲、海棉、化妝綿】

使用及存放時，保持海綿或粉撲的柔軟質地
十分重要。

　　撲粉時感覺粉撲失去柔和觸感，就要用
香皂液浸濕並揉搓洗淨再使用。海棉每2~3日
洗一次，絲絨粉撲則每2星期洗一次。沖洗後
不要擰乾，應用紙巾吸乾水分，於陰涼處晾
乾。化妝綿在使用時由於會吸收粉底裡的水
分而變潮濕，滋生細菌，每次化妝時都應使
用乾淨的一面。可以把一塊海綿內外側分成
左、右兩部分，每次使用一部分，使用四次
後要用香皂澈底清淨。如果發現邊緣有破損
就該更換新粉撲。

## 【各種化妝刷】

化妝工具對妝效有直接影響，
注意保養和護理外，及時更換
損壞用品，才能確保不污染
肌膚。

　　天然毛製的化妝刷，
每次使用後要馬上用紙巾擦乾淨。一般情況
下3~6個月洗一次。清洗化妝刷時，在溫水裡
放少量洗髮液，把化妝刷放在水中晃動，洗
淨後用護髮素保養一下，再用水沖淨。然後
用毛巾卷住刷子擰乾水分，整理一下刷毛使
其柔順，在陰涼處晾乾。晾乾後用手輕彈刷
毛，使其恢復蓬鬆狀態。

　　眉刷刷毛偏硬，清潔相對容易一些，特
別髒時用香皂清洗一下，或用睫毛梳將眉刷
刷毛間的污垢梳掉。

　　唇刷在每次使用後要用紙巾把刷頭上
多餘的唇膏擦淨。使用不同顏色的唇膏時，
要在紙巾上沾上唇部清潔霜把唇刷仔細地擦
洗，再用濕紙巾擦一遍。由於唇刷的毛束容
易掉，清潔時不要過於用力。

## 【睫毛梳與睫毛夾】

保養得當可以減少對睫毛的損傷並能使用很
長時間。

　　睫毛梳在每次使用後要用紙巾把殘留在
上面的睫毛膏擦乾淨。

　　每次使用睫毛夾後要用紙巾擦去睫毛夾
上的睫毛膏等油污。如果睫毛夾上的橡膠墊
老化，出現裂紋或是有斷裂的現象，就要馬
上更換新的橡膠墊，否則會夾斷睫毛，給睫
毛帶來損害。

## 【換季收納】

　　收納前做好保養避免滋生細菌，並及時
淘汰快過期的化妝品。

◎ 保養、打底等瓶狀化妝品

　　收納前用棉花棒沾酒精將瓶蓋及瓶口邊
緣擦淨，消毒並將瓶口易滋生細菌的油質和
蠟質一併清潔乾淨，然後將瓶口密封防止液
體蒸發變乾。

◎ 粉餅、眼影等盒狀化妝品

　　用化妝棉將盒上殘留的髒汙彩妝擦掉，
再用酒精棉花棒將外殼、邊緣及鏡面擦一
遍，開蓋通風5分鐘。

◎ 唇膏、唇彩、遮瑕液

　　用過的唇膏收納前先用乾淨的面紙將與
唇部接觸過的地方輕輕擦拭後，就可以收起
來了。

# 百變素顏美人：基礎裸妝 108 個祕訣

| | |
|---|---|
| 作　　者 | 楊柳 |
| 發 行 人 | 林敬彬 |
| 主　　編 | 楊安瑜 |
| 編　　輯 | 王艾維 |
| 內頁編排 | 王艾維 |
| 封面設計 | 彭子馨（Lammy Design） |

| | |
|---|---|
| 出　　版 | 大都會文化事業有限公司 |
| 發　　行 | 大都會文化事業有限公司 |
| | 11051 台北市信義區基隆路一段 432 號 4 樓之 9 |
| | 讀者服務專線：（02）27235216 |
| | 讀者服務傳真：（02）27235220 |
| | 電子郵件信箱：metro@ms21.hinet.net |
| | 網　　　址：www.metrobook.com.tw |

| | |
|---|---|
| 郵政劃撥 | 14050529　大都會文化事業有限公司 |
| 出版日期 | 2014 年 9 月初版一刷 |
| 定　　價 | 350 元 |
| I S B N | 978-986-5719-26-5 |
| 書　　號 | Master-23 |

◎本書由吉林科學技術出版社有限責任公司授權繁體字版之出版發行。

◎本書如有缺頁、破損、裝訂錯誤，請寄回本公司更換。

大都會文化
METROPOLITAN CULTURE

大都會文化

國家圖書館出版品預行編目 (CIP) 資料

百變素顏美人：基礎裸妝 108 個祕訣 / 楊柳 編著.
-- 初版 .-- 臺北市：大都會文化, 2014.09
160 面；17×23 公分

ISBN 978-986-5719-26-5（平裝）
1. 化粧術

425.4　　　　　　　　　　　　　　　　103016052

# 大都會文化　讀者服務卡

書名：**百變素顏美人：基礎裸妝108個祕訣**

謝謝您選擇了這本書！期待您的支持與建議，讓我們能有更多聯繫與互動的機會。

A. 您在何時購得本書：＿＿＿＿年＿＿＿＿月＿＿＿＿日

B. 您在何處購得本書：＿＿＿＿＿＿＿＿＿書店，位於＿＿＿＿＿＿＿＿(市、縣)

C. 您從哪裡得知本書的消息：

　　1.□書店　2.□報章雜誌　3.□電台活動　4.□網路資訊

　　5.□書籤宣傳品等　6.□親友介紹　7.□書評　8.□其他

D. 您購買本書的動機：（可複選）

　　1.□對主題或內容感興趣　2.□工作需要　3.□生活需要

　　4.□自我進修　5.□內容為流行熱門話題　6.□其他

E. 您最喜歡本書的：（可複選）

　　1.□內容題材　2.□字體大小　3.□翻譯文筆　4.□封面　5.□編排方式　6.□其他

F. 您認為本書的封面：1.□非常出色　2.□普通　3.□毫不起眼　4.□其他

G. 您認為本書的編排：1.□非常出色　2.□普通　3.□毫不起眼　4.□其他

H. 您通常以哪些方式購書：(可複選)

　　1.□逛書店　2.□書展　3.□劃撥郵購　4.□團體訂購　5.□網路購書　6.□其他

I. 您希望我們出版哪類書籍：（可複選）

　　1.□旅遊　2.□流行文化　3.□生活休閒　4.□美容保養　5.□散文小品

　　6.□科學新知　7.□藝術音樂　8.□致富理財　9.□工商企管　10.□科幻推理

　　11.□史地類　12.□勵志傳記　13.□電影小說　14.□語言學習（＿＿＿語）

　　15.□幽默諧趣　16.□其他

J. 您對本書（系）的建議：

K. 您對本出版社的建議：

---

## 讀者小檔案

姓名：＿＿＿＿＿＿＿＿　性別：□男　□女　生日：＿＿＿年＿＿＿月＿＿＿日

年齡：□20歲以下 □21～30歲 □31～40歲 □41～50歲 □51歲以上

職業：1.□學生 2.□軍公教 3.□大眾傳播 4.□服務業 5.□金融業 6.□製造業

　　　7.□資訊業 8.□自由業 9.□家管 10.□退休 11.□其他

學歷：□國小或以下 □國中 □高中／高職 □大學／大專 □研究所以上

通訊地址：＿＿＿＿＿＿＿＿＿＿＿＿＿＿＿＿＿＿＿＿＿＿＿＿

電話：（H）＿＿＿＿＿＿＿＿＿　（O）＿＿＿＿＿＿＿＿＿　傳真：＿＿＿＿＿＿＿＿

行動電話：＿＿＿＿＿＿＿＿＿＿　E-Mail：＿＿＿＿＿＿＿＿＿＿＿＿＿＿＿＿

◎ 謝謝您購買本書，歡迎您上大都會文化網站 （www.metrobook.com.tw）登錄會員，或
　 至Facebook（www.facebook.com/metrobook2）為我們按個讚，您將不定期收到最新
　 的圖書訊息與電子報。

基礎裸妝**108**個秘訣！

# 百變素顏美人

北 區 郵 政 管 理 局
登記證北台字第9125號
免 貼 郵 票

大 都 會 文 化 事 業 有 限 公 司
讀 者 服 務 部 　　 收

11051台北市基隆路一段432號4樓之9

寄回這張服務卡〔免貼郵票〕
您可以：
◎不定期收到最新出版訊息
◎參加各項回饋優惠活動